JN045862

China's Automotive Powerhouse Strategies

中国の
自動車強国
戦略

李 志東
LI Zhidong

なぜ世界一の輸出大国になったのか

エネルギー
フォーラム

はじめに

　脱炭素化は世界的な流れである。日本も中国も例外ではない。実現するには、あらゆる分野での脱化石燃料化が不可欠である。当然、石油系内燃機関車（ICEV）から新エネルギー自動車（NEV）への転換、つまり、自動車の電動化は避けて通れない。

　中国では、NEVはバッテリーに貯められる電気だけで駆動する電気自動車（BEV）、主に電気で駆動するプラグインハイブリッド自動車（PHEV）と水素燃料電池で駆動する燃料電池自動車（FCV）を含む。主に石油系燃料を使うハイブリッド自動車（HV）は省エネルギー自動車に分類され、NEVに含まれない。本書では、NEVについて中国の定義に従う。

　日本は、リチウムイオン電池の開発で2019年にノーベル化学賞を受賞した吉野彰氏が指摘したように、リチウムイオン電池などの部品や素材の技術開発で世界をリードしているが、最終製品の産業化や国際競争力の面で立ち遅れてしまった。それに対して中国は、NEVの技術開発、産業育成と普及を戦略的に推進し、世界最大のNEV生産・販売国、保有国、輸出国に成長した。2023年上半期では、ICEVをも含む自動車輸出台数は中国が234万台で、日本の202万台を抜いて世界首位となった。2023年1〜3月に続いて日本を逆転した。同年通年でも世界首位を維持する見通しである。これは決して偶然ではない。ICEVが退場していくにつれ、世界の自動車業界勢力図が大きく変わり、中国が自動車強国になるのはもはや夢物語ではなくなりつつある。

　筆者は、約20年前から学会や講演会などで頻繁に中国の自動車電動化を取り上げてきた。当時の自動車はICEVだけであった。国際的にみると、中国の自動車産業全体の技術水準は日本などの自動車強国より20年以上も遅れていた。自他共に認める事実である。「外資系メーカーの協力なしで普通の自動車も造れない中国が、世界最先端の電動車を造れるのか」と

1

の類いの質問が多くの方から出された。幸いにも時間が経つにつれ、中国の取り組みとその成果が次第に知られるようになり、その質問が徐々に出なくなってきた。

　近年では、中国でNEVが急増したのは、政府が巨額の補助金を出しているから、北京などの大都会がICEVの抑制を行っているからではないか、NEVシフトは本物か、との類いの質問がよく聞かれるようになった。そして、2023年のエネルギー・資源学会「エネルギーシステム・経済・環境コンファレンス」や環境経済・政策学会年次大会などでは、中国政府がNEV購入時補助金制度を廃止したのに、なぜ中国でNEVが売れているのか、充電インフラはどのように整備されているのか、中国の自動車電動化はどこまで進むのか、ICEVに強い自動車メーカーや国にどのような影響を与えるのか、中国の経験は他国にとって参考になるのか、などの質問が相次いで出された。

　本書の目的は、これらの質問に対する回答を包括的に探るにほかならない。

　2022年、世界の自動車販売台数は8105万台で、NEV販売台数が1065万台、その13.1％を占める。一方、自動車保有台数は14億4600万台で、NEVは2620万台、全体に占める比率は1.8％にすぎない。自動車電動化の最終目標は、販売ベース、そして、保有ベースでのNEV100％の実現である。その成功例はいまだにないなか、達成に向けてICEV後進国の中国がなぜ世界の先頭に立っているのかを体系的に解明し、世界規模でのNEV100％実現への示唆を提示することが本書の狙いである。

　構成は次のとおりである。

　まず、第1章で、中国が、なぜNEVの技術開発、産業育成と普及を国家戦略として推進しているか、第2章で、どのように推進してきたかについて概説する。NEV100％の実現は自動車革命である。ICEVの延長線としてNEVを捉えると、「二兎を追う者は一兎をも得ず」になりかねない。特定業界の影響を排除できる政府が国家戦略として主導して取り組まなけ

ればならない。分析に当たっては、政府の公文書を丹念に解読した。また、学術界でも十分に展開されていないNEV産業政策論に関する分析をも試みた。特に、「鶏が先か卵が先か」に例えられるNEV普及と充電インフラ整備に関する中国の取り組みを克明に追跡した。日本を含む多くの国が最も関心のある分野だからである。

次に、第3章では、世界の自動車電動化における中国の立ち位置を、図表化したデータで考察し、中国が世界の先頭に躍り出ていること、中国を抜きにして世界のNEVサプライチェーンの安定性や効率性を語れない実態を明らかにした。

さらに、第4章では、なぜ中国のNEVが中国国内と海外で売れているのかについて、主にユーザーの立場に立って考察した。ICEVに対するNEVの比較優位性が確立されたこと、民族系を中心とするNEVメーカーはユーザーの多様なニーズを満たせるNEVの選択肢を提供できていること、NEV航続距離の延伸や充電インフラの整備などにより、NEV利用の利便性が大幅に改善されたこと、脱炭素化に伴う世界全体でのNEV需要の拡大に加え、中国製NEVの国際競争力が比較的に高いこと、などをデータに基づき明らかにした。あわせてNEVシフトの中国モデルについても検討を試みた。

ICEV強国になれなかった中国は、世界規模の自動車電動化の波に乗り、宿願の自動車強国になれるか。この問いに対する回答を第5章で検討した。中国は、自動車電動化を通じて、すでに自動車強国の入り口に立っていることを指摘したうえで、今後において、NEVシフトが中国でも海外でも加速度的に進むと予想されることにより、中国が自動車強国になるのはもはや夢物語ではなくなりつつあるとの結論を得た。

最後に、第6章では、国際社会への示唆を検討した。暫定的ではあるが、国家戦略の重要性、戦略目標の明確化、補助金付与など利用者負担減軽型政策体系から、NEV目標規制とクレジット取引制度を中心とする市場メカニズム志向型政策体系への転換の必要性、国際協力の有効性を指摘した。

また、自動車電動化に当たって、ICEV強国が自ら「敵失」しないための対策の方向性についても簡潔に検討した。

　世界の将来を展望すると、経済発展と人口増加などに伴って、自動車販売台数も保有台数もさらに拡大する可能性が大きいと予想される。つまり、自動車の電動化は逆らえない世界的流れになっているなか、現在約1065万台のNEV市場は8100万台以上に成長するはずである。どこかの一国が、この巨大な成長市場を独占することは不可能であるし、望ましいことでもない。NEV100％の早期実現に向けて、世界の先頭に立つ中国も既存のICEV強国も共に努力しなければならない。もちろん、熾烈な競争も予想される。NEVメーカーとして生き延びること、国としてNEV強国になることは、当事者自身の利益になるだけではなく、世界のNEV100％、そして炭素排出実質ゼロの早期実現にも大きく寄与できる。本書は、その一助になれば、筆者にとって望外の幸せである。

2024年1月吉日

李　志東

中国の自動車強国戦略
なぜ世界一の輸出大国になったのか

［目次］

第3章
電動化の先頭に躍り出る ────── 71
──中国が塗り替える自動車産業の勢力図

第4章
なぜ「中国モデル」が
世界を席巻するのか　　93
——中国製NEVが売れる理由

第5章
NEVは中国を
「自動車強国」にするか　　115
——世界規模の電動化の波に乗れば

第6章
中国から何を学ぶべきか

──NEVシフトという「自動車革命」

第1章

自動車電動化は
中国の国家戦略
──なぜ電動化が欠かせないのか

中国がNEVの技術開発、産業育成と普及を国家戦略として推進している。その狙いは、自動車の電動化を通じて、内燃機関車に起因する石油安全保障問題、排ガスによる大気汚染問題と二酸化炭素（CO₂）排出問題の根本的な解決、そして、宿願の自動車大国から自動車強国への変貌を同時に実現することである。

　本章では、中国が、なぜNEVの技術開発、産業育成と普及を国家戦略として推進しているかについて概説する。

高度経済成長で急伸した自動車保有台数

　国や地域を問わず、人々は豊かになると、自動車を使いたがる。便利だからである。今後においても、自動車にとって代わるもっと良い輸送手段が出てこない限り、自動車が使われるだろう。

　日本エネルギー経済研究所（2023年）によると、2019年、世界の自動車保有台数は15億862万台であった。総人口は76億7300万人なので、自動車普及率（人口に占める自動車保有台数の比率）は19.7％と計算される。国別の自動車普及率をみると、米国が87％、日本が62％、中国が18％、インドが4％となっている。所得水準が高いほど普及率が高い。

　中国では、1978年に改革開放が断行され、高度経済成長期に突入した。その初期の1980年に、自動車保有台数はわずか178万台で、普及率は0.2％であった。高度経済成長の結果、2022年には、実質国内総生産（GDP）は1980年比38倍となり、自動車保有台数は179倍の3億1903万台へ増加し、普及率は22.6％へ22.4ポイント上昇した。

　NEVがない時代の自動車はほとんど内燃機関車であった。自動車用エネルギーのほとんどはガソリン、軽油であった。自動車の普及に伴い、石油需要が急増し、石油輸入の拡大によるエネルギー安全保障問題に拍車をかけた。

石油消費の急増で安全保障問題が顕在化

　中国は1960年代半ばから石油の自給自足を実現し、石油の純輸出国となった。改革開放初期の1985年には、史上最高の3600万tの純輸出も達成した。それ以降、純輸出量が急速に減少し、1993年についに純輸入国に転落した。

　純輸入量は2003年に1億tの大台に乗り、その後、2018年までに5年ごとに1億t増のペースで2008年に2億t、2013年に3億t、2018年に4億t、そして2020年についに5億tの大台に達した。石油消費の海外依存度も70％台へ急伸した。石油輸入の急増を引き金に、中国は1997年から一次エネルギーの純輸入国に転落し、エネルギー安全保障問題が急速に顕在化してきたのである。

　石油輸入急増の構造的要因は、生産が資源制約などの影響で低迷したことに加え、消費が長期にわたって堅調に増加していることである。国際エネルギー機関（IEA）の統計によると、2020年までの40年間において、中国の石油消費量は5億7200万t増加し、年平均増加量は1430万tに上る。同期における世界全体の石油消費の増加量は10億1000万tであったので、その57％は中国の消費増に起因する。

　一方、中国の石油消費を押し上げた主因は自動車普及の急速な進行である。自動車保有台数が1980年の178万台から、2022年の3億1903万台へ増加した。それに伴い、自動車用石油消費が1980年の1219万tからピークとなる2018年の2億4533万tへ、19倍増加した。石油消費全体に占める自動車用比率は13.9％から39.3％へ、25.4ポイント上昇した。同期において、自動車用の消費増は、石油消費の全増加量の43.7％を占め、石油消費を押し上げる最大要因となっている。

安全保障問題を解決する切り札として

　石油純輸入国に転落した1993年ごろから、中国政府はエネルギー安全保障問題を認識し始めたが、本格的な取り組みは2001年以降に始めた。具体的には、一国が単独で主体的に取れる対策として、国内資源開発による自給率向上、備蓄制度の充実、海外調達先の多様化、自主開発の拡大、省エネルギーや石油代替エネルギーの開発促進などによる需要抑制を行っている。また、国際協調型対策として、輸入国との協調や共同開発の展開、輸出国との対話や、それらへの支援など、国際的に見られるあらゆる対策を試みている。これには日本のエネルギー安全保障の経験が大いに参考となっている。

　これらの対策は、いずれもある程度の成果を挙げている。例えば、石油輸入先は40以上の国・地域に分散され、中東依存度は50％前後に抑えられている。輸送インフラ整備についても顕著な進展が確認される。ロシアやカザフスタン、ミャンマーの3カ国と原油パイプラインで結び、年間輸入能力は、それぞれ2000万t、3000万t、2200万tとなる。

　しかし、自動車用の石油消費を抑えない限り、石油安全保障問題の解決はあり得ない。鉄道輸送など公共輸送手段の充実、自動車の燃費改善、HVやPHEVの導入拡大、小型車へのシフトなども石油の消費抑制に有効であるが、消費をゼロに抑える対策ではない。究極な石油安全保障問題の解決策は、石油を使わないBEVとFCVの普及である。

排気ガスによる大気汚染を電動化で根絶

　内燃機関車がもたらすもうひとつの伝統的な問題は、排ガスによる大気汚染である。

　排ガス汚染を抑制するためには、自動車用燃料の品質規制と自動車排ガス規制の強化が不可欠である。日本も含む先進国の経験である。

　自動車の普及に伴う自動車排ガス汚染の深刻化を受け、中国は2000年に自動車燃料の品質規制と自動車排ガス規制に乗り出した。その後、6回にわたり規制の厳格化を断行した。現在、中国の燃料品質規制と排ガス規制は先進国並みとなっている。

　例えば、2023年7月1日以降、ガソリンの硫黄分は日本同様の10ppm（100万分の10、0.001％）以下に規制されている。一方、ガソリン車の排ガス規制では、1km走行の一酸化炭素（CO）は日本が1.15g以下に対し、中国が0.5g以下、窒素酸化物（NOx）規制値は日本が0.05g以下に対し、中国が0.035g以下となっている。日本より厳しい規制もある。

　燃料品質規制と排ガス規制を厳格化した結果、自動車排ガス汚染が大きく緩和できた。

　中国は2006年から硫黄酸化物（SOx）の総量規制を実施し、排出量を2006年の2588万tから2021年の275万tへ89.4％削減した。2011年からNOxにも総量規制を適用し、排出量を2011年の2404万tから2021年の988万tへ58.9％削減したが、道路部門からの排出量はわずか8.7％減にとどまった。NOxの総排出量に占める道路部門からの排出量の比率は、2011年の26.5％から2021年の58.9％へ32.4ポイント上昇した。道路部門排出量の9割以上は自動車排ガスに起因する。

　このように燃料品質規制と排ガス規制をいくら強めても、排ガスがゼロにならない限り、大気汚染物質が排出される。自動車起源の排ガス汚染を根絶するためには、自動車の電動化しかない。

2030年CO_2排出ピークアウトに向けて

　内燃機関車がもたらす世界規模の問題は、CO_2排出による地球温暖化問題である。

　中国生態環境部環境規画院（2022年）によると、2019年において、中国の交通部門のCO_2排出量は11.57億t、エネルギー起源のCO_2排出量の11

％を占める。そのうち、自動車起源の排出量は9.53億t（乗用車3.67億t、商用車5.86億t）、オートバイ起源は0.25億t、船舶起源は0.74億t、航空機起源は0.93億t、鉄道輸送起源は0.10億tとなる。自動車起源排出量は交通部門排出量の82.4％、エネルギー起源排出量の9.1％を占める。

炭素排出実質ゼロの実現は世界的な流れである。世界のエネルギー起源のCO_2排出量の約32％（2020年）を占める、世界最大の炭素排出国中国も例外ではない。習近平国家主席は2020年9月の国連総会で、中国がCO_2排出量を2030年までにピークアウトさせ、温室効果ガス（GHG）排出量を2060年までに実質ゼロとする脱炭素「3060目標」を公表した。

続いて、中国政府は第26回気候変動枠組み条約締約国会議（COP26）開催直前の2021年10月28日、「3060目標」を明記した2030年国別目標（NDC）と、今世紀中葉に向けた長期低排出発展戦略を国連に提出した（図表1－1）。

注目すべきは、中国が目指す炭素排出実質ゼロの目標年次は、先進国が目指す2050年より10年遅いが、CO_2ピークアウトからの期間は約30年と設定され、先進国より短いことである。例えば、日本の場合、ピークアウトは2013年で、実質ゼロの2050年までは37年となる。また、中国では「3060目標」を国際公約として位置付け、国家の威信をかけて達成しなければならないとしている。

では、なぜ中国は「3060目標」を設定したのか？　その主な背景として3つ挙げられよう。

ひとつは、脱炭素化は世界的な流れであり、中国の持続可能な発展にとっての内的要求でもあると認識されていること。つまり、省エネルギーや再生可能エネルギーの導入拡大、NEV普及などの脱炭素化対策は、持続可能な発展を阻害するエネルギー安全保障問題や大気汚染問題などを同時に解決でき、また、国際競争力のある低炭素産業の育成を通じて、持続可能な発展に不可欠な支柱産業を手に入れることができると認識されている（全国人民代表大会常務委員会、2009年）。

図表 1 - 1　中国が国際公約した温暖化防止目標の推移

	一次エネルギー消費に占める非化石エネルギーの比率			風力と太陽光・熱発電設備容量	森林蓄積量（2005年比）	GDP当たりCO2排出量の削減目標（2005年比）		CO2排出量ピークアウト目標年次	GHG排出量実質ゼロ目標年次
	2020年	2030年	2060年	2030年	2030年	2020年	2030年		
2020年自主行動計画目標（2010年1月、政府が国連に提出）	15%					40～45%減			
「パリ協定」に向けた2030年目標（INDC）（2015年6月、政府が国連に提出）		20%			45億m³増	40～45%減	60～65%減	2030年前後	
GHG排出実質ゼロ目標（2020年9月、習近平国家主席が国連総会で表明）								2030年まで	2060年まで
2030年目標（NDC）の引き上げ（2020年12月、習近平国家主席が国連気候サミットで発表）		25%		12億kW以上	60億m³増		65%以上減	2030年まで	2060年まで
2030年目標（NDC）更新と本世紀中葉長期温室効果ガス低排出発展戦略（2021年10月、政府が国連に提出）		25%	80%以上	12億kW以上	60億m³増		65%以上減	2030年まで	2060年まで

出所：国務院（http://www.gov.cn/）と国営新華社通信（http://www.xinhuanet.com/）などウェブサイトでの公式発表に基づき筆者作成

もうひとつは、国連に提出した2020年の自主行動目標が超過達成され、目標更新に自信が付いたこと。中国は2010年1月、2020年にGDP当たりCO_2排出量（排出原単位）を2005年比40〜45％削減するなどの自主行動目標を国連に提出した。取り組みの結果、2020年に排出原単位は2005年比48.9％減少となり、上限目標を3.9ポイント超過達成した。非化石エネルギーの比率は15.9％となり、目標を0.9ポイント超過達成した。

　最後は、新規目標の設定根拠が科学研究によって裏付けられていること。2020年10月12日、清華大学気候変動と持続可能発展研究院が主導した「中国長期低炭素発展戦略と転換経路に関する研究」（項目綜合報告編写組、2020年）の成果発表会が開催された。同研究は、能源研究所や社会科学院など国内トップレベルの13研究機関が2019年1月から約1年半にかけて、省エネ、電源開発など18テーマについて行った共同研究である。

　同研究では、①政策延長、②削減促進、③2℃、④1.5℃の計4つのシナリオが設定された。エネルギー起源のCO_2排出量のピークアウト時期は、①では2030年前後、②では2030年より前、③では2025年前後、④では2025年より前と見込まれた。2050年のCO_2排出量予測値は、①では91億t、②では62億t、③では29億t、④では15億tへと低下する。

　特に④では、非エネルギー起源を含むCO_2排出量は17億tとなるが、森林などの吸収量が8億t、CO_2回収・貯留（CCS）/CCS付きバイオエネルギー（BECCS）による回収・貯留量が9億tと予測されるので、CO_2排出量は実質ゼロ、炭素実質排出量は非CO_2系の13億tとなるとした。つまり、2050年にCO_2排出のネットゼロ、その後10年かけて残りの非CO_2系の13億tを削減し、2060年までに炭素排出のネットゼロを達成するとしたのである。

　また、同研究で、交通部門の2050年のCO_2排出量は、①では11.09億t、②では8.04億t、③では5.50億t、④では1.72億tへと低下すると予測している。自動車の電動化が炭素削減に不可欠と提言している。

　研究報告書は2020年7月に内部資料として提出された。それを踏まえ

て、「3060 目標」は、同年 9 月 9 日に開催の中央財経委員会第 8 回会議と
国務院常務委員会で決定され、同月 22 日の国連総会で、習近平国家主席
が国際社会に公表した。

　中国ではバイオエタノールや菜種油など、炭素を排出しないバイオ燃料
も一部の車に使われているが、すべての車を動かせるほどの供給量は確保
できない。

　結局、自動車分野の脱炭素化は 2 つの道しかない。自動車を使わないこ
とと、自動車の電動化である。自動車のない世界は現時点では想像できな
い。そうすると、自動車分野の脱炭素化を実現するには、自動車の電動化
しかない。

第2章

自動車「大国」から
「強国」への道
──NEVを突破口に優位を確立へ

中国は2009年に自動車生産台数が1379万台に達し、世界最大となった。そのころから自動車強国を目指し始めた。実現するには、自動車の電動化が避けて通れないとの認識が時間とともに深まってきた。

　2009年3月20日、国務院は「自動車産業調整と振興計画」を公表した。対象期間は2009〜2011年であった。その中で、NEVを突破口に新しい比較優位性を形成し、自動車産業の持続的・健康的・安定的発展を促進すると規定した。BEVとPHEVおよびそのコア部品の産業化を促進するNEV戦略を実施するとした。

　続いて2010年11月23日、国務院は「戦略的新興産業の育成と発展の加速に関する決定」を公表した。NEV産業は、省エネ・環境保護産業、新しい情報技術産業、バイオ産業、ハイエンド装備製造産業、新エネルギー産業、新材料産業と共に、7つの戦略的新興産業のひとつとして指定された。

　科学技術部（「部」は日本の省・庁に相当）が2012年3月27日に「電動自動車科学技術発展第12次5カ年計画」を公表した。NEVの発展が自動車産業の国際競争力の向上、エネルギー安定供給の確保と炭素削減における重要なアプローチと規定した。2015年までに小型BEVを中心とするNEVの大規模な商業化モデル事業を行い、2020年までに、NEVの大規模な産業化を推進するとともに、次世代動力電池と燃料電池の産業化を開始するとした。

　また、BEV乗用車向けの動力電池について、エネルギー密度を1kg当たり120W時以上、コストを1kW時当たり1500元以下とするなどの具体目標も設定した。これらを通じて、自動車「製造大国」から「技術強国」への変貌に牢固な基礎を築くとした。

　国務院は2012年6月28日に「省エネ自動車とNEV産業発展計画」（2012〜2020年）を公表した。省エネとNEV産業の育成と発展を加速し、自動車「工業大国」から自動車「工業強国」への転換を実現すると規定した。国家計画として、初めて自動車（工業）強国を目指すと明記した。

　そのために、NEVへの構造転換を自動車産業の主な発展戦略として位

置付け、NEVの産業化を重点的に、HVの普及を力強く推進すると規定した。NEVの累積生産・販売量を2015年までに50万台へ、2020年までに500万台以上へ拡大し、NEV生産能力を2020年に200万台とする目標を設定した。

このように、中国は、NEVの技術開発と産業育成を加速し、量の「自動車大国」から質の「自動車強国」への変貌を成し遂げる戦略を鮮明にしたのは2012年であった。

「大国」から「強国」へ揺るぎのない宿願

2014年5月、習近平国家主席が上海汽車集団を視察したとき、NEV発展は自動車「大国」から「強国」への移行に避けて通れない道と強調した。NEVを通じて自動車強国を実現するとの見方を示した。

その後、国務院が2015年5月に公表した「中国製造2025」では、製造強国を目指す10分野のひとつとして省エネ自動車とNEVを指定した。「中国製造2025」に対応する国家製造強国建設戦略諮問委員会（NMSAC）による重点領域技術ロードマップ（2015年10月）では、NEV技術開発と普及のロードマップが示された。

そして、工業情報化部、国家発展改革委員会と科学技術部が連名で2017年4月に公表した「自動車産業中長期発展計画」では、NEVとインテリジェント・コネクテッド自動車を突破口に、……【中略】……、自動車大国から自動車強国への転換を実現すると規定した。

さらに、国連に提出した脱炭素「3060目標」と連動する形で、2020年11月2日、「NEV産業発展計画（2021〜2035年）」が公表された。その中で、部品・完成車製造から充電・水素供給インフラ整備までを含むNEV産業の発展を、温暖化防止に欠かせない戦略的措置、自動車大国から強国への移行に避けて通れない道と位置付けた。

そのうえで、2025年に新車販売に占めるNEVの比率を20％へ高め、

2035年にはBEVが新車販売の主流となり、公共部門向け自動車が完全に電動化し、FCVの商業化を実現するとした。2035年の新車販売比率目標は明記していないが、工業情報化部の委託を受けた中国自動車工程学会が作成し、2020年10月27日に公表した「省エネ自動車・NEV技術ロードマップ2.0」では、NEV比率が50%以上、残りはすべてHVとした。

　つまり、自動車大国から自動車強国への転換は、中国の揺るぎない宿願であった。その宿願を達成する自動車は、内燃機関車ではなくNEVであった。

国家戦略として研究開発を推進

　中国では、50年以上先の長期を見据え、国家の運命を左右しかねないような先端技術分野について、政府が国家戦略として研究開発を推進する「国家高度技術研究開発計画」がある。欧米や日本の動きに刺激されて、1986年11月に始まったものである。

　米国では、1983年3月から「戦略防衛構想（Strategic Defense Initiative）」、通称「スターウォーズ計画（Star Wars Program）」が展開された。敵国の大陸間弾道ミサイルを迎撃・撃墜できる早期警戒衛星や地上迎撃システムなどの開発を戦略的に推進するものであった。

　米国に呼応して、欧州共同体（EC。欧州連合＜EU＞の前身）加盟国を含む欧州19カ国が1985年7月から「欧州先端技術共同体構想（European Research Coordination Action）」、通称「ユーレカ計画（EUREKA）」を展開し、日本が1986年3月に当面実現に努めるべき科学技術振興政策の基本をまとめた「科学技術政策大綱」を閣議決定した。

日欧米の先端技術開発に危機感

　こういった技術開発を戦略的に推進する先進国の動きに危機感を募らせ

た中国の著名科学者 4 人（王大珩、王淦昌、楊嘉墀、陳芳允）が、1986 年 3
月 3 日、世界の高度技術開発に遅れないための提案書「国外における戦略
的高度技術発展を追いつき追い越すための研究に関する建議（中国語：关
于跟踪研究外国战略性高技术发展的建议）」を共産党中央に提出した。そ
の 2 日後の同月 5 日に、当時の最高実力者、「中国改革開放の総設計師」と
呼ばれた鄧小平氏が「本件は即座に決断すべし。遅延してはならない（中
国語：此事宜速作决断，不可拖延）」と決裁した。

　科学者たちの提案も鄧小平氏の決裁も 1986 年 3 月に行われたことにち
なんで、「国家高度技術研究開発計画」は「863 計画」と呼ばれている。研
究経費として、1986 年当時の全国財政支出の 5％相当の 100 億元が配分さ
れた。高度技術開発に掛かる中国の本気度が伺える。

　NEV の技術開発プロジェクトは、2001 年 9 月に第 10 次 5 カ年計画にお
ける「863 計画」に採択され、始動した。

　当時の中国の自動車産業は、日欧米などの自動車強国より 20 数年も遅
れていた。自他共に認める事実である。それにもかかわらず、なぜ中国が
世界最先端の NEV 開発に乗り出したのか。

　内燃機関車と比べ、NEV における先進国との技術格差が相対的に小さ
い。国を挙げて開発すれば、有人宇宙船飛行の成功にみられるような、蛙
跳び式（リープフロッグ型）の成功を収める勝機もある。そうすると、前
述した内燃機関車起因のエネルギー安全保障問題、大気汚染問題と CO_2
排出問題を同時かつ根本的に解決でき、しかも、世界自動車産業でのリー
ダーシップと国際市場の確保もできる（図表 2 - 1）。

　つまり、中国は、NEV を内燃機関車の延長線上ではなく、脱炭素社会
と持続可能な発展に欠かせない新世代の自動車と位置付け、NEV は中国
にとって国際資本と競争でき、しかも勝算が残されている自動車産業の唯
一の分野であると認識している。この冷徹な現状分析と戦略的思惑が中国
を NEV の開発へと駆り立てさせたのである。

　政府は「官＋産＋学＋研」の開発体制を作り、2001 〜 2005 年 5 年間に

図表 2 － 1　21世紀初頭に確立された中国の自動車戦略における電動化戦略の位置付け

		石油系自動車戦略	石油代替燃料系クリーン自動車戦略	BEV, FCVを中心とする電動自動車戦略
自動車の特性	市場占有状況	近未来の主流	主流にならない	中長期の主流
	技術性	成熟	成熟に近い	開発中
	相対コスト	安い	やや高い	高い
	エネルギー問題	ある	少ない	非常に少ない
	環境問題	ある	少ない	ほとんどない
中国の位置		世界水準に20年以上遅れる	世界水準に数年の遅れ	世界水準に多少の遅れ
戦略目的		エネルギー、環境と経済発展を協調させる自動車産業の振興	同左	同左
戦略目標	エネルギー問題	緩和	緩和	完全解決
	環境問題	緩和	緩和	完全解決
	国内市場	確保	確保	確保
	海外市場	できれば輸出	できれば輸出	確保
	世界水準	追着く	追着く	追越せ
戦略手段	エネルギー問題	燃費改善・構造調整	研究開発	研究開発、産業化、政府支援
	環境問題	構造調整・基準強化	研究開発	研究開発
	経済性	大規模化、集約化		
	技術性	研究開発		863高度科学技術開発計画
	政府役割	産業計画、環境基準	産業計画、環境基準	産業計画、普及支援
	開発主体	産業界	産業界＋研究所	官＋産＋学＋研
時間的位置付け		短中期	緊急	中長期

出所：各種公文書、ネット情報などに基づき著者作成

24億元の研究経費を付けた。ドイツの「アウディ」から帰国した万鋼博士を総責任者にするなどで、開発は目覚ましい進歩を遂げた。

高評価を得たFCV「超越1号」

　2003年8月に初代FCV乗用車「超越1号」を発表した。2006年6月には、フランスのミシュラン主催の「2006年チャレンジ・ビバンダム・パリ」という国際舞台に3代目の「超越3号」をデビューさせた。全部で7つある技術テストのうち、燃費、排ガス、CO_2排出量、騒音の4項目で、4段階評価中最も高いAを獲得した。主要性能は、最高時速121km、時速100kmまでの所要時間19秒、水素充てん1回の継続走行距離約260km、100km走行の水素消費量1.04kgである。その半年後に同済大学で公開された新モデル「超越・栄威」では、最高時速と継続走行距離をそれぞれ150km、300kmに高め、時速100kmまでの所要時間を15秒に縮めた。

　この2006年最新モデル「超越・栄威」でも、日本のホンダが2006年9月に公開したFCVの「FCXコンセプト」の継続走行距離570kmには及ばなかった。しかし、技術格差が急速に縮小してきたのも紛れもない事実である。

　FCVのほかに、BEVとPHEVの開発にも成功した。それらを受けて政府は、2008年の北京オリンピック用に20億元の予算を付け、FCV20台を含む約600台の国産NEVを投入し、実用化への手応えをつかんだ。「第11次5カ年計画における863計画の省エネとNEV重大プロジェクト実施計画」や、2020年を対象とする「国家中長期科学技術発展計画綱要」では、NEVについて産業化を目指すべく開発促進を謳っている。

　ちなみに、NEV開発プロジェクトの総責任者・万鋼博士は、2007年4月27日に中国科学技術部部長（科学技術大臣）に任命され、2018年3月19日まで、11年間にわたってNEV開発の陣頭指揮を行っていた。2013年に習近平政権が発足したが、胡錦涛前政権に任命された科学技術部部長を交

代しなかった。この閣僚人事の布陣からも中国が、いかにNEVを重視しているかを伺えよう。

NEV導入に大胆な財政支援

　中国では、全国人民代表大会（全人代）常務委員会が2009年に「気候変化への積極的対応に関する決議」を採択したことを機に、政府と議会が結束して低炭素社会に向けた取り組みを本格化した。その一環として、自動車産業発展戦略も形成され、NEVの産業育成と普及に向けた取り組みが展開された。

　中国の自動車産業発展戦略は、内燃機関車戦略、バイオ・合成燃料などを使用する石油代替燃料系内燃機関車戦略とNEV戦略という3つのサブ戦略によって構成される。時間軸でみると、内燃機関車は中期までの主流に、NEVは長期・超長期の主流に位置する。代替燃料系内燃機関車は、内燃機関車からNEVへのつなぎ役として位置する。国家発展改革委員会などが「当面における優先的に産業化すべき先端技術重点領域目録」では、NEVは優先領域として2001年から指定されている。それに対し、代替燃料系内燃機関車は2001年と2004年に指定されていたが、2007年から目録から削除されている。

　しかし、NEVは高価なうえ、充電設備や水素ステーションなどインフラ整備にも課題が多い。市場任せでは導入が進まないと判断した政府は、2009年以降、大胆な財政支援を中心とする普及促進と産業育成に踏み切り、現在に至る（図表2-2）。

　以下では、特に重要と思われる取り組みを取り上げる。

実験事業として利用促進に補助金

　2009年1月14日に国務院常務委員会は「自動車産業調整振興計画」を審

図表 2 − 2　NEV普及促進と産業育成に向けた主要な取り組み

販売量（万台）

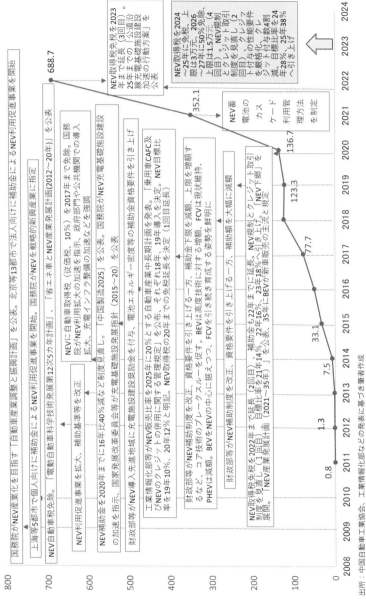

出所：中国自動車工業協会、工業情報化部などの発表などに基づき著者作成

議、基本了承した。2009〜2011年を期間とする同計画では、NEVの生産能力を2011年に50万台へ拡大すること、乗用車販売台数におけるNEVの比率を5％へ高めること、車載用動力電池やモーター、電子制御などNEV全体の技術水準およびNEV専用部品・部材の製造技術を国際先進レベルに向上させることを戦略目標として立てた。

消費者がNEVを購入しない理由のひとつは、NEVの価格が内燃機関車より高いことが知られている。理論的には、NEV購入者に補助金を給付すれば、内燃機関車に対する購入時の割高感が薄められ、NEV導入が促進される。同時にメーカーに対して、供給拡大に伴うNEV価格低減、研究開発や設備投資を促す効果も期待できる。

この認識の下で、政府は戦略目標の実現に向けた具体策として、補助金によるNEVの利用促進の実験事業を、2009年1月23日から北京市など13都市で法人向けに始めた。同事業は2010年5月31日から20都市に拡大する一方、深圳など5都市で一般ユーザー向けにも乗り出した。

実験事業の対象都市で、NEV乗用車の取得に対して政府がPHEVに5万元、BEVに6万元、FCVに25万元、NEVバスに対し、PHEVに42万元、BEVに50万元、FCVに60万元を上限に補助するなどの支援策が打ち出された。

振り返ってみれば、中国では、NEVの開発元年はNEV開発を国家プロジェクトして863計画に組み入れた2001年であったが、導入元年は政府補助による導入実験事業を開始した2009年であった。

自立を見据えて購入時補助金を廃止

購入時補助金制度は、NEV商業化の初期段階で取られる万国共通のNEV促進策のひとつである。

欧州自動車工業会（ACEA）によると、2023年7月時点において、EU加盟国のうち26カ国が負担軽減策を講じ、20カ国が購入支援金を給付し

ている（日本貿易振興機構＜ジェトロ＞ブリュッセル事務所、滝澤祥子、2023年9月7日）。例えば、フランスでは、BEVに上限5000ユーロ（約78万円）を補助している。スペインでは、内燃機関車からBEVに買い替える場合、上限7000ユーロ（約109万円）の補助金が給付される。

　また、米国のバイデン政権は、北米で生産されるBEVに最大7500ドル（約110万円）販売補助金を出している。豪州のビクトリア州では、6万8000豪州ドル（約653万円）以下のBEVを購入すると、3000豪州ドル（約29万円）の補助金が支給される。タイでは、現地生産の200万バーツ（約800万円）以下のBEVに最大15万バーツ（約60万円）を補助する。

　日本の場合、2023年9月時点において、政府が基本仕様のBEVに最大65万円、「給電機能」を満たすBEVに最大85万円を補助する。さらに東京都在住なら、政府補助に加え、都から基本仕様のBEVに最大35万円、給電機能を有するBEVに最大45万円の補助金を受け取れる。つまり東京都在住で、国と都から基本仕様のBEVなら最大100万円、給電機能を有するBEVなら最大130万円の補助金が支給される。

　ここで給電機能とは、外部給電器、V2H充放電設備を経由して、または車載コンセント（AC100V /1500W）から電力を取り出せる機能を指す。また、「V2H」は、電気自動車（Vehicle）に蓄えられた電力を、家庭（Home）用に供給し、有効活用することを指す。

　中国では、NEVの購入時補助金制度が2009年に導入されてから、給付単価の引き下げ、航続距離や電池エネルギー密度、走行距離当たりの電力消費量などの補助資格要件の厳格化を中心に数回の見直しを経て、2023年から廃止された（図表2-3）。補助金がなくとも、その他の対策と企業努力によってNEVが普及され、その産業が自立できると判断されたからである。

図表 2 － 3　中国の NEV 乗用車に対する購入時政府補助金の推移

R=航続距離		1台当たりの標準補助金額（万元）											
	(km/一回)	2009~2012	2013	2014	2015	2016	2017	2018	2019	2020	2021	2022	2023
純電気自動車（BEV）	80≦R<150		3.5	3.325	3.15	0	0	0	0	0	0	0	0
	100≦R<150		3.5	3.325	3.15	2.5	2.0	0	0	0	0	0	0
	150≦R<200		5.0	4.750	4.50	4.5	3.6	1.5	0	0	0	0	0
	200≦R<250	6	5.0	4.750	4.50	4.5	3.6	2.4	0	0	0	0	0
	250≦R<300		6.0	5.700	5.40	5.5	4.4	3.4	1.8	0	0	0	0
	300≦R<400		6.0	5.700	5.40	5.5	4.4	4.5	1.8	1.62	1.30	0.91	0
	R≧400		6.0	5.700	5.40	5.5	4.4	5.0	2.5	2.25	1.8	1.26	0
プラグインハイブリッド自動車（PHEV）	R≧50	5	3.5	3.325	3.15	3.0	2.4	2.2	1.0	0.90	0.72	0.504	0
水素燃料電池自動車（FCV）	R≧300	25	20	19	18	20	20	20	20				
	エネルギー密度（Wh/kg）							電池システムのエネルギー密度による補助金金額の調整係数（倍率）					
純電気自動車（BEV）補助金に対する調整係数	90-105		考慮せず				1	0	0	0	0	0	0
	105-120						1	0.6	0	0	0	0	0
	120-125						1.1	0.6	0	0	0	0	0
	125-140						1.1	1	0.8	0.8	0.8	0.8	0

純電気自動車(BEV)補助金に対する調整係数		考慮せず	走行距離当たりの電力消費量の改善状況による補助金額の調整係数(倍率)							
	140-160		1.1	1.1	0.9	0.9	0.9	0.9	0.8	0.8	0
	≧160		1	1.2	1	1	1	1	0.8	1	0
	対基準電費(kWh/100km)の改善率(%)									
	5%以下		0.5	0	1	0.8	0	0.8	0.8	0
	5%-10%		1	1	1	1	1	0.8	0.8	0
	10%-20%		1	1	1	1	1	1	1	0
	20%-25%		1	1.1	1.1	1.1	1.1	1.1	1	0
	25%-35%		1.1	1.1	1.1	1.1	1.1	1.1	1	0
	≧35%									

自動車税の免除を実施

日本と同様、中国では自動車保有者対して、年に一度納付する自動車税を課している。税額は排気量別に設定されているので、自動車税は排気量別従量税である。乗用車の場合、7段階に分けられている。年間税額は、排気量が1000cc以下なら60〜360元と安いが、排気量が4000cc超なら3600〜5400元となる。税額は排気量に応じて60〜5400元に広がり、最高税額は最も低い税額の90倍にもなる。

ちなみに日本の乗用車の自動車税(2023年)は、軽自動車が最も安く1万800円、6000cc以上の普通乗用車が最も高く11万1000円であるので、税額差は10.3倍である。

一般的には、排気量が大きいほど、燃費が悪く、排ガスやCO_2排出量も多いので、排気量が大きいほど税額が高くなる自動車税は省エネ、汚染防止を促すように設計されている。ま

た、税額の差が大きいほど、排気量の小さい車をより選好されるので、省エネ、汚染防止のインセンティブ効果がより高い。その意味では、中国の自動車税の仕組みはより省エネ、汚染防止に寄与するといえよう。

　また、中国ではNEV保有コストの軽減による導入促進を図るために、財政部などが2012年3月に、NEVに対して自動車税を2012年1月から免除すると通達した（中国では、自動車税は当年12月31日までに1回払いで納付することと規定している。ぎりぎりで支払えばよいので、3月で免税と決定されても、同年3月までにすでに納税済みで、払い戻しというケースはほとんど発生しない）。その後、2015年5月と2018年7月に、NEVの性能要件を引き上げるなどの通達を出したが、免除制度は継続され現在も機能している。

　国家税務総局によると、2012年から2023年の6月において、NEVに対する自動車税の免税総額は100億元以上となっている。2023年上半期の免税総額は8.6億元で、前年同期比41.2％増加した。

　そもそも中国では、自動車税は排気量に応じて設計されているため、シリンダを持たず、排気しないBEVとFCVは対象外である。一方、シリンダを持つPHEVは自動車税の対象となるが、NEVであるため、自動車税の免除はNEVへの優遇措置の一環として実施されている。日本ではグリーン化特例で、NEVに対する自動車税は1年度目に75％減税されるが、以降は通常徴収される。

あらゆる政策資源を総動員

　政府は、補助金支給によるNEV導入促進モデル事業を2009年から展開し、2012年までに25都市へ拡大した。また、NEV保有者に対して自動車税を免除した。その結果、NEV累積生産台数が2013年7月時点で4万7800台に達した。しかし、「省エネ自動車とNEV産業発展計画」（2012〜2020年）および第12次5カ年計画で掲げている、NEV累積生産・販売

台数を2015年までに50万台とする目標実現にはおぼつかない。一方、都市部では、自動車排ガスが最大の大気汚染源になりつつある。

　こうしたなか、国務院は2013年8月1日に「省エネ・環境保護産業の加速的発展に関する意見」（以下、「意見」）を、同年9月10日に「大気汚染防止行動計画」（以下、「計画」）を公表し、財政部・科学技術部・工業情報化部・国家発展改革委員会も同月13日に「NEV利用促進事業の継続展開に関する通知」（以下、「通知」）を発出した。政府が、あらゆる政策資源を総動員してNEVの産業発展と利用拡大に乗り出した。

　「意見」では、北京や上海、広州などの都市に対し、公共交通向け新規購入と買い替え自動車の60％以上をNEVとすると規定した。また、「計画」では、2017年までに浮遊粒子状物質（PM10）濃度を全国都市部で2013年比10％以上減、PM2.5濃度を北京・天津・河北（京津冀）ベルトで25％減、長江デルタで20％減、珠江デルタで15％減とする目標を立て、NEV導入を強力に推進するとした。

　一方、「通知」は、都市部を拠点とするNEVの利用促進対策を規定している。2012年までの促進事業と比べると次の特徴がある。

　①対象地域を25都市という「点」から京津冀ベルト、長江と珠江デルタを重点とする特大都市や都市群という「面」へ広げる。

　②2013〜2017年までの目標導入量を特大都市や重点地域が1万台以上、その他都市と地域が5000台以上と設定し、年度ごとの達成状況評価を通じて、計画未達成都市を補助対象から外す。

　③公共交通、公務、郵便配達および都市衛生向け新規購入と買替自動車の30％以上をNEVとする。

　④補助基準を従来の電池容量（kW時）から電気駆動の走行距離へ変更し、乗用車1台当たりの2013年補助額上限を、BEVに従来どおりの6万元、PHEVに1.5万元減額の3.5万元、FCVに5万元減額の20万元とし、BEV重視の姿勢を鮮明にした。

　⑤技術進歩などを考慮し、補助上限額を2013年比で2014年に10％減、

2015年に20％減と明記した。

　対象都市の公募受付は10月15日から始まり、促進事業は86都市へと拡大された。そして2018年から、促進事業は地域限定せず、全国で展開されて現在に至る。

取得税の全額免除を延長

　中国では自動車購入者に対して、自動車取得税（中国語：購置税）を課している。税率は車の販売価格の10％と設定されているので、自動車取得税は税率が固定される従価税である。車の販売価格が高いほど、取得税も高くなる仕組みである。

　消費者がNEVを購入しない理由のひとつは、NEVの価格が内燃機関車より高いことが知られている。理論的には、NEVに対する自動車取得税を減免すれば、内燃機関車に対する購入時の割高感が薄められ、NEV導入が促進される。この認識の下で、財政部などが2014年8月に「NEV自動車取得税の免除に関する公告」を発出し、NEVに対して自動車取得税を全額免除するとした（図表2－4）。免除期間は2014年9月1日～ 2017年12月31日とした。

　その後、2017年12月に全額免除を2020年12月31日までに延長（1回目）、2020年4月に、同期間を2022年12月31日までに延長（2回目）、そして、2022年9月に、同期間を2023年12月31日までに延長（3回目）すると決定した。

　国家税務総局によると、2014年9月～ 2023年6月において、NEVに対する自動車取得税の免税総額は2600億元以上となっている。2023年上半期の免税総額は491.7億元で、前年同期比44.1％増加した。

　今後については2023年6月、財政部などが「NEV自動車取得税の減免政策の延長と最適化に関する公告」を発出した。その中で、NEVに対する自動車取得税を2024 ～ 2025年において、3万元を上限に全額免除するこ

図表 2 - 4　NEV に対する自動車取得税減免政策の推移

決定時期	公文書名称	発出機関	対象期間	取得税減免概要	備考
2014年8月6日	「NEV自動車取得税の免除に関する公告」	財政部、国家税務総局、工業情報化部	2014年9月1日〜2017年12月31日	NEVの自動車取得税10%を免除し、0%とする	2014年に減免決定
2017年12月26日	「NEV自動車取得税の免除に関する公告」	財政部、工業情報化部、科学技術部	2018年1月1日〜2020年12月31日	NEVの自動車取得税10%を免除し、0%とする	改正1回目
2020年4月16日	「都市インフラ建設の強化に関する意見」	財政部、国家税務総局、工業情報化部	2021年1月1日〜2022年12月31日	NEVの自動車取得税10%を免除し、0%とする	改正2回目
2022年9月26日	「NEV自動車取得税の免除延長政策に関する公告」	財政部、国家税務総局、工業情報化部	2023年1月1日〜2023年12月31日	NEVの自動車取得税10%を免除し、0%とする	改正3回目
2023年6月19日	「NEV自動車取得税の減免政策の延長と最適化に関する公告」	財政部、国家税務総局、工業情報化部	2024年1月1日〜2025年12月31日	NEVの自動車取得税10%を免除し、0%とする。ただし、免税額の上限は3万元とする。	
			2026年1月1日〜2027年12月31日	NEVの自動車取得税10%を5%へ引き下げる。ただし、免税額の上限は1.5万元とする。	改正4回目

出所：中国財政部ホームページなどに基づき筆者作成

と、2026 〜 2027年において、1.5万元を上限に税率を5%へ引き下げること（4回目）とした。取得税を全額免除しなくともNEVが普及され、その産業が自立できると判断されたからであろう。その影響を見極めてから、2028年以降、取得税免除を廃止するかどうかを決める算段である。

NEV導入に先行して充電インフラを整備

　NEV導入拡大の阻害要因のひとつは、充電・水素充てんインフラの不足である。一方、充電インフラが不足する理由は、充電施設の建設費や維持費などが高いうえ、NEVが少ないので、稼働率が低く、儲からないことである。NEV普及と充電インフラ整備は、「鶏が先か卵が先か」に例えられるゆえんである。NEV利用促進事業の拡大に合わせて、政府は2014年から充電・水素充てんインフラの整備を加速し始めた。図表2 − 5に関連公文書の名称、発出機関と主要施策を時系列に示すが、具体的政策措置についてご興味のある方は、原典をご参照願いたい。

　2014年7月14日、国務院が「NEV利用拡大の加速に関する指導的意見」を公表した。その中で、NEV産業発展国家戦略の着実な実行、長期安定的NEV発展政策体系の構築、市場育成と創出の加速を図り、NEV産業の健全かつ快速の発展を促進すると規定した。

　そのために、①NEVメーカーと充電インフラ関連企業がコア技術の開発、製品やサービスの質の向上とコスト削減などに努め、ユーザーの満足度を高めること、②地方政府はNEV利用拡大計画を作成し、統一で秩序のある競争的市場環境を形成すること、③公共サービス分野用車を突破口にNEVの導入拡大を図り、認知度向上とコスト削減を通じて、一般ユーザーによる購入を誘発すること、④地方自治体がNEV利用拡大に関する主体責任を負うこと——を基本原則として掲げた。

　充電インフラについては、「充電施設建設を加速する」と明記した。具体的には、充電施設発展計画の作成と技術規格基準の整備を行うこと、充

電施設建設と対応する電力網建設を都市計画の一環とし、NEV導入より適度に先行して充電インフラを整備すること、充電施設用地を確保できるように土地利用政策を健全化すること、充電施設経営者がユーザーに充電電力量に応じる電力料金と充電サービス料を徴取できること——などとした。

地方自治体に充電整備を義務付け

また、充電インフラの整備責任については、地方自治体は各地の実情に合わせた充電施設建設計画を作成すること、用地確保をサポートすること、必要に応じて建設と運営に補助金を交付することを義務付けた。同時に、充電向け電力網など関連施設の整備を電網企業に義務付けた。

地方自治体がNEV利用拡大だけではなく、充電インフラ整備にも責任を持つと規定したことが特徴である。地方が実働部隊として行動しなければ、国家目標は達成できない。地方自治体に義務付けることで、NEV国家戦略の実現を確実にする狙いである。

同時に、NEV利用拡大と充電インフラ整備の責任を地方自治体に丸投げではなく、政府による地方自治体に対する支援措置も明記された。「意見」では、「政策体系をさらに健全化する」として、すでに導入済みのNEV購入時補助金に加え、国家予算からNEV導入規模が比較的大きく、充電インフラ整備も比較的に進んでいる地域に、充電施設建設などに限定した奨励金を支給するとした。また、前述したNEVに対する取得税や自動車税の税制優遇措置なども明記された。

北京市が「利用規模世界一」宣言

国務院「通知」と連動する形で、自治体も産業界も動き出した。

例えば、北京市は2014年7月3日、「NEV利用拡大行動計画」（2014～

図表 2 - 5　充電インフラ整備に向けた政府の取組みの推移

発出時期	公文書名称	発出機関
2012年6月28日	「省エネ自動車とNEV産業発展計画（2012～2020年）」	国務院
2013年1月1日	「エネルギー発展第12次5カ年計画」	国務院
2013年9月6日	「都市インフラ建設の強化に関する意見」	国務院
2014年7月14日	「NEV利用拡大の加速に関する指導的意見」	国務院弁公庁
2015年9月29日	「NEV充電基礎施設建設に関する指導的意見」	国務院弁公庁
2015年10月9日	「NEV充電基礎施設発展指針（2015～2020年）」	国家発展改革委員会、国家能源局、工業情報化部、住宅都市建設部
2016年1月11日	「第13次5カ年計画におけるNEV充電基礎施設奨励政策およびNEV利用拡大の強化に関する通知」	財政部、科学技術部、工業情報化部、国家発展改革委員会、国家能源局
2016年11月29日	「第13次5カ年計画における国家戦略的新興産業発展計画に関する国務院通知」	国務院
2017年2月3日	「現代総合交通運輸体系発展第13次5カ年計画」	国務院
2018年11月9日	「NEV充電保障能力向上に関する行動計画」	国家発展改革委員会、国家能源局、工業情報化部
2019年3月26日	「NEV導入拡大財政補助政策のさらなる健全化に関する通知」	財政部、工業情報化部、科学技術部、国家発展改革委員会
2020年10月20日	「NEV産業発展計画（2021～2035年）」	国務院弁公庁

政策概要
各地の電力供給と土地資源を考慮し、普通充電器と公共用急速充電、電池交換等施設を適宜建設する。
北京、上海などNEV導入促進モデル事業都市で、充電器、急速充電（電池交換）施設を同時に建設し、2015年にNEV50万台分の充電インフラを形成する。
都市建設の一環として、充電器、急速充電施設の建設を推進する。
充電施設発展計画の作成と技術規格基準の整備、充電施設用地の確保、充電電力量に応じる電力料金と充電サービス料の徴収などについて明記。また、地方自治体に充電施設建設計画の作成、用地確保へのサポート、建設と運営への補助金支給を、電網企業に充電向け電力網等関連施設の整備を義務付けた。NEV導入と充電施設整備が比較的に進んでいる地域に、充電施設整備向けの奨励金を支給するとした。
2020年までに500万台以上のNEVの充電を可能とする。新規住宅の全てと新設公共駐車場の10%以上に充電施設を設置できるように義務付け、2000台に1カ所以上の比率で充電ステーションを整備する。国家予算による奨励金支給の規則制定を加速する。財源として、基本建設投資資金を用いる。
2020年に500万台のNEVの充電需要を満たすために、2020年までに充電ステーション1.2万カ所、普通充電器480万基を新たに整備する。さらに全国を加速地域、モデル実験地域と積極促進地域に分けて、整備目標を割り当てた。
国家予算から自治体に充電インフラ整備に使途限定の奨励金を支給する。すべての地域に上限額の奨励金を支給した場合、5年間の奨励金総額は248億元、少なくとも1097万台に対応する充電インフラが整備される。
都市建設において、公共サービスエリアでの充電施設を優先的に建設し、住民居住区と事業所の駐車場での充電器設置を積極的に推進する。2020年に、NEV充電需要を満たせる充電インフラ体系を形成する。
NEV充電施設建設を加速させる。
3年間をかけて、重電技術水準の大幅向上を勝ち取り、充電施設の品質を高め、充電規格基準の整備を加速し、充電インフラの整備環境と産業配置のさらなる最適化を図る。
自治体からのNEVに対する購入補助を禁止し、これまで使われてきた財源を充電・水素インフラ整備やサービス充実に当てるべきと明記した。
2035年にBEVを新車販売の主流とするNEV導入目標に合わせ、①充電・電池交換施設整備の推進、②充電サービスの質の向上、③住民居住区充電器シェアリング、共同利用、商業施設での駐車・充電一体化サービスの提供などの充電サービスモデルの創出、④NEVと送電網の双方向受電送電(V2G)の強化について明記。

2021年10月24日	「2030年までの二酸化炭素排出量ピークアウト行動方案」	国務院
2022年1月10日	「NEV充電サービス保障能力のさらなる向上に向けた取組み関する意見」	国家発展改革委員会
2022年5月31日	「経済の安定的発展の着実な実現に向けた政策パッケージの公表に関する通知」	国務院
2022年8月25日	「公道沿線充電基礎施設建設加速の行動方案」	交通運輸部、国家能源局、国家電網有限公司、中国南方電網有限公司
2023年5月14日	「充電基礎施設の建設推進を加速し、NEV下郷と農村振興をよりよく支えることに向けた実施意見」	国家発展改革委員会、国家能源局
2023年6月19日	「高品質充電基礎施設体系のさらなる構築に関する指導的意見」	国務院弁公庁
2023年9月1日	「自動車産業の安定的成長に向けた活動方案（2023〜2024年）」	工業情報化部、財政部、交通運輸部、商務部、税関総署、金融監督管理総局、国家能源局

2017年）を公表し、全国のお手本となる北京モデルの確立、利用規模の世界一を目指すと表明した。新規購入と買い替えの公用車と市街地向けタクシーをすべてNEVにし、2017年までにNEVバスを4500台以上にする。また、建物の新築・改築の認可条件として駐車場の普通充電器設置比率を18％以上にするとともに、2017年までに急速充電器を1万基設置すると規定して、一般車としてのNEV導入量を17万台まで増やす。支援措置として、購入者に政府と同額の補助金を出し、充電器設置者に投資額の30％を補助するとした。

充電器と電力網、水素充填ステーション等基礎施設の建設を計画的に推進し、都市公共交通インフラの水準を向上させる。
2025年までに、NEV充電保障能力をさらに向上させ、2000万台のNEVの充電需要を満たす。
NEV充電器（施設）の投資・建設・運営モデルの最適化を図り、徐々に充電施設をあらゆる居住団地と営業用駐車場に普及し、高速道路サービスエリアとバスストップなどにおける充電器（施設）の建設を加速する。
NEVで「家に戻れる、都会を離れられる、農村部にも遠出できる」ことを目標に、充電サービスを、①2022年末までに全国高速道路サービスエリア、②2023年末までに条件の整えた一般国道と地方公道のサービスエリア、③2025年までに農村部公道沿線、にまで拡大する。同時に、充電インフラ事業者に、補助金や低利融資などの政策支援を拡充する。
①公共充電施設について、企業や事務所、商業施設、駅、公路沿線サービスエリアで優先的に配置、ガソリンスタンドでの建設を加速する。②居住団地、固定駐車所での充電施設の設置、充電器シェアリングを推進する。③地方自治体による充電施設建設と運営への支援を強化する。④スマート充電等新しい充電モデルの利用拡大、太陽光発電・蓄電・充電・送電の一体化施設の実装実験を展開する。
①充電基礎施設整備計画と電力計画、交通計画などとの一体化、②NEV導入より充電基礎施設建設を先行させること、規格基準体系の整備と国際規格化の推進、③NEVと充電施設網、インターネット網、交通網、電力網との融合の推進、④安全第一の下での利便性と経済性の向上、⑤2030年目標、⑥政策措置について規定。
高出力充電、スマート充電、太陽光発電・蓄電・充電・送電の一体化施設等技術の実装の推奨、充電サービス保障能力の向上、地方自治体による高速道路、郷鎮〔編注：中国の行政単位〕などでの保障型充電基礎施設への補助、産業育成の強化、水素基礎施設建設の加速、中・長距離、中・大型燃料電池商用車利用拡大モデル事業の推進について規定。

出所：中国政府官庁ホームページに基づき筆者作成

　一方、国家電網公司は2015年までに北京と香港・マカオを結ぶ全長2285kmの高速道路に、38km間隔で急速充電ステーションを整備完了する計画を立てた。

　さらに、2015年7月7日、国家発展改革委員会と国家能源局が共同で「スマートグリッド（SG）の発展促進に関する指導的意見」を公表し、2020年までにNEVの充電と蓄電池による電力供給にも対応可能なSGの完成の第一歩を目指すと発表した。

　続いて2015年9月29日、李克強首相が国務院常務会議を招集し、NEV

導入拡大に欠かせない、「NEV充電基礎施設建設に関する指導的意見」（以下、「2015意見」）と国家発展改革委員会など4官庁が作成した「NEV充電基礎施設発展指針（2015 ~ 2020年）」（以下、「指針」）を審議、批准した。

「2015意見」では、充電インフラ整備はNEV産業の発展に欠かせないだけではなく、安定した経済成長の実現にとっても重大な意義を持つと強調し、2020年までに500万台以上のNEVの充電を可能とする整備目標を定めた。そのために、新規住宅のすべてと新設公共駐車場の10％以上において、充電施設を設置できるように義務付け、2000台に1カ所以上の比率で充電ステーションを整備すると定めた。

さらに、充電基礎施設への支援強化として、第13次5カ年計画における国家予算による奨励金規則の制定を加速し、産業発展初期を支援する財源として、国家予算の基本建設投資資金を用いると明記した。充電施設整備に、国家のインフラ投資予算を用いることで、充電基礎施設を新しい公共インフラと位置付ける政府の姿勢を鮮明に示した。

「2015意見」を具体化した「指針」では、2020年までに充電ステーション1.2万カ所、普通充電器480万基を整備する目標を立てた。さらに、全国を加速地域、モデル実験地域と積極促進地域に分けて、整備目標を割り当てた。例えば、北京や上海を含む導入条件の良い加速地域では、2020年までに266万台の導入を見込み、充電ステーション7400カ所、普通充電器250万基を整備しなければならないと定めた。

充電インフラ整備にきめ細かい支援措置

2016年1月1日、財政部が科学技術部、工業情報化部、国家発展改革委員会、国家能源局と共同で、「第13次5カ年計画におけるNEV充電基礎施設奨励政策およびNEV利用拡大の強化に関する通知」を発出した。前述の国務院「NEV利用拡大の加速に関する指導的意見」（2014年7月）と「2015年意見」で求められている充電基礎施設への支援強化を具体化した

ものである。支援措置は、2016 〜 2020 年の 5 年間に適用される。注目すべきポイントは次のとおりである (図表 2 − 6、2 − 7)。

第一に、奨励金支給の基準要件は、時間と共に厳しくなるように、また同年次では、全国一律でなく、導入状況に応じて全国を 3 つの区分に分けて設定していること。

例えば、北京市や上海市など 10 の大気汚染防止重点地域に対して、2016 〜 2020 年には、NEV 導入量がそれぞれ 3 万台、3.5 万台、4.3 万台、5.5 万台、7 万台以上、かつ、新規導入量に占める NEV の比率がそれぞれ 2％、3％、4％、5％、6％以上、となることを奨励金支給の基準要件とした。それに対し、導入が最も遅れている新疆ウイグル自治区など 15 地域に対して、2016 〜 2020 年には導入量が 1 万台、1.2 万台、1.5 万台、2 万台、3 万台以上、かつ比率が 1％、1.5％、2％、2.5％、3％以上を支給条件と設定した。

導入量も比率も時間とともに引き上げることにより、導入拡大を促す。導入が進んでいない地域の基準要件を低く設定することにより、全国での導入拡大を狙う。

第二に、基準要件を満たせば、基準奨励金をもらえるに加え、超過達成を促すため、超過分に応じて、超過奨励金が支給されること。例えば、北京市や上海市など 10 の大気汚染防止重点地域に対して、2016 年には基準奨励金が 9000 万元と設定され、2500 台超過達成ごとに、超過奨励金 750 万円が支給される。超過分が多いほど、奨励金が多く支給されるので導入が促される。

第三に、各地域に対して同額の年間奨励金の上限を設けていること。上限額は 2016 年 1.2 億元で、以降年間 2000 万元ずつ増額し、2020 年には 2 億元としている。奨励金は政府支出なので、無限ではない。すべての地域に上限額の奨励金を支給した場合、5 年間の奨励金総額は 248 億元に上ると計算される。

第四に、奨励金の使途は、充電施設の建設、運営、更新および充電・電

図表 2 - 6　2016 〜 2020 年における NEV 充電基礎施設奨励政策の概要（その 1）

	大気汚染防止重点地域					中部地域と福建省	
	NEV基準導入量	基準奨励金	超過導入分に対する奨励基準		奨励金総額上限	NEV基準導入量	基準奨励金
			超過分(X)	X毎に奨励金			
	台	万元	台	万元	億元	台	万元
2016年	30,000	9,000	2,500	750	1.2	18,000	5,400
2017年	35,000	9,500	3,000	800	1.4	22,000	5,950
2018年	43,000	10,400	4,000	950	1.6	28,000	6,700
2019年	55,000	11,500	5,000	1,000	1.8	38,000	8,000
2020年	70,000	12,600	6,000	1,100	2.0	50,000	9,000
対象の省・直轄市・自治区	＜10省・直轄市＞　北京市、上海市、天津市、河北省、山西省、江蘇省、浙江省、山東省、広東省、海南省					＜6省＞　安徽省、江西省、河南省、湖北省、湖南省、福建省	

出所：財政部など「第 13 次 5 カ年計画における NEV 充電基礎施設奨励政策及び NEV 利用拡大の強化に関する通知」

図表 2 - 7　2016 〜 2020 年における NEV 充電基礎施設奨励政策の概要（その 2）

	大気汚染防止重点地域、重点都市				中部地域と福建省			
	1カ所		地域計		1カ所		地域計	
	最大補助台数	最大奨励金金額	最大補助台数	最大奨励金金額	最大補助台数	最大奨励金金額	最大補助台数	最大奨励金金額
	万台	億元	万台	億元	万台	億元	万台	億元
2016年	4.0	1.2	40.0	12.0	4.0	1.2	24.0	7.2
2017年	5.2	1.4	51.9	14.0	5.1	1.4	30.8	8.4
2018年	6.7	1.6	66.6	16.0	6.7	1.6	40.1	9.6
2019年	8.8	1.8	87.5	18.0	8.8	1.8	52.8	10.8
2020年	11.0	2.0	110.4	20.0	11.2	2.0	67.1	12.0
合計	35.6	8.0	356.3	80.0	35.8	8.0	214.7	48.0

出所：財政部など「第 13 次 5 カ年計画における NEV 充電基礎施設奨励政策及び NEV 利用拡大の強化に関する通知」

中部地域と福建省			億元	その他地域				
超過導入分に対する奨励基準		奨励金総額上限	NEV基準導入量	基準奨励金	超過導入分に対する奨励基準		奨励金総額上限	
超過分(X)	X毎に奨励金				超過分(X)	X毎に奨励金		
台	万元	億元	台	万元	台	万元	億元	
1,500	450	1.2	10,000	3,000	800	240	1.2	
2,000	550	1.4	12,000	3,250	1,000	280	1.4	
2,500	600	1.6	15,000	3,600	1,200	300	1.6	
3,500	700	1.8	20,000	4,200	1,500	320	1.8	
4,500	800	2.0	30,000	5,400	2,500	450	2.0	
<6省>　安徽省、江西省、河南省、湖北省、湖南省、福建省		2.0	<15省・直轄市・自治区>　内モンゴル自治区、遼寧省、吉林省、黒龍江省、広西壮族自治区、重慶市、四川省、貴州省、雲南省、チベット自治区、陝西省、甘粛省、青海省、寧夏回族自治区、新疆ウイグル自治区					

（2016年1月）に基づき筆者作成

その他地域				全国計		
1カ所		地域計				
最大補助台数	最大奨励金金額	最大補助台数	最大奨励金金額	最大補助台数	最大奨励金金額	平均奨励金金額
万台	億元	万台	億元	万台	億元	元／台
4.0	1.2	60.0	18.0	124.0	37.2	3,000
5.0	1.4	75.6	21.0	158.2	43.4	2,743
6.5	1.6	96.9	24.0	203.5	49.6	2,437
8.5	1.8	127.0	27.0	267.3	55.8	2,087
11.1	2.0	166.7	30.0	344.2	62.0	1,802
35.1	8.0	526.2	120.0	1,097.2	248.0	2,260

（2016年1月）に基づき筆者作成

池交換サービス網の整備などの充電インフラ領域に限定されること。前述したように、政府は充電インフラ整備の責任を地方自治体に負わせている。奨励金は、地方政府の取り組みを後押しする重要なインセンティブである。すべての地域が上限額の奨励金を使えば、5年間で少なくとも1097万台のNEVに対応する充電インフラが整備されると期待される。NEV1台当たりの充電施設整備に支給される奨励金は、技術進歩や規模拡大などに伴うコスト低減を反映して、2016年の3000元から2020年の1800元へ減少するが、5年平均で2260元と計算される。

2019年3月26日、財政部などが「NEV導入拡大財政補助政策のさらなる健全化に関する通知」を発表し、地方自治体による普及対策を見直した。従来、NEV購入補助金について、自治体は国の補助額の半分を上限に補助金を支給できることとされてきたが、この補助制度が行き過ぎた地方保護の温床になったと批判されている。見直しでは、自治体による購入補助を禁止し、これまで使われてきた財源を充電、水素インフラ整備やサービス充実に当てるべきとした。充電インフラ整備に使える財源が増えることになった。

中国電動自動車充電基礎施設促進連盟（以下、「中国充電連盟」）によると、2020年における全国の充電器が168.1万基で、2015年の6.6万基より24.5倍増加した。そのうち、公共用充電器は12.9倍増の80.7万基、私用普通充電器は108.3倍増の87.4万基であった。政府支援の下で、自治体主導の充電インフラ整備に関するさまざまな取り組みが功を奏したといえよう。

NEV規制とクレジット取引制度

2017年7月、英国とフランスが内燃機関車の製造・販売を2040年までに禁止すると表明した。これを機に、NEVへの転換が世界的に加速するのではとの見方も広まった。中国は、内燃機関車の禁止時期こそ公表し

なかったが、自動車販売台数に占めるNEVの比率を2015年の1.3％から2030年に40〜50％へ高める目標を2016年10月に打ち出している。

　その効率的な実現方策として、政府はNEV産業政策を従来の「フェーズ1：補助金など支援のみ」から「フェーズ2：補助金など支援軽減とNEV規制・取引制度の併存」、そして、最終的には「フェーズ3：NEV規制・取引など市場志向制度」への移行を目指している（図表2−8）。

　中国自動車工業協会のホームページによると、2015年までに中央政府が2009〜2015年に約334億元、地方政府が2013〜2015年に約200億元、合計534億元以上のNEV向け購入補助金を支出し、財源確保や企業努力の阻害などの問題が生じた。一方、米国カリフォルニア州大気資源局（CARB）によると、州内で自動車を販売する場合、ゼロエミッション自動車（ZEV）を一定比率以上販売することを義務付け、義務達成にクレジット取引を許すことを特徴とするZEV規制・取引制度の導入がZEVの導入拡大と環境改善に寄与した。

行政命令よりも効率的な市場メカニズム

　また、同じ政策目標を達成しようとする場合、市場メカニズムを活用したほうが行政命令などの規制よりも効率的であることが、経済学理論で証明されている。NEVクレジット取引制度について説明しよう。図表2−9に示すとおり、NEV導入の全体目標はAo Boで、異なる供給曲線（限界コスト曲線）を持つA社とB社に達成義務量を割り当てると仮定する。A社の供給曲線はAoを原点とするS_A、B社の供給曲線はBoを原点とするSBとする。

　A社とB社との取引を許さない場合、A社が割り当てAoFを生産しなければならず、かかるコストはAoHF、B社が割り当てBoFを生産しなければならず、かかるコストはBoCFであるので、全体目標AoBoの達成に掛かる総コストはAoHCBoとなる。

図表 2 − 8　中国における NEV 普及対策の推移とその効果（理論モデル）

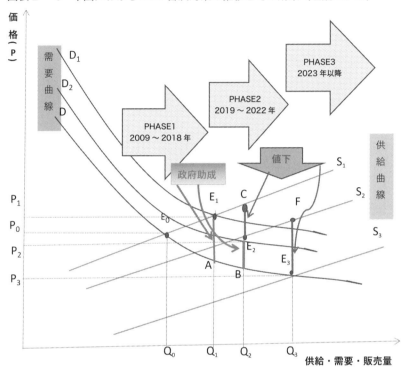

説明：中国における NEV 対策の推移とその効果（理論モデル）

	PHASE 0	PHASE 1	PHASE 2	PHASE 3
	対策無し	助成のみ	減額助成＋規制・クレジット取引	規制・クレジット取引のみ
需給均衡点	E_0	E_1	E_2	E_3
販売量	Q_0	Q_1	Q_2	Q_3
販売価格	P_0	P_1	P_2	P_3
政府助成分	0	$E_1 A$	$E_2 B$	0
（需要曲線）	D	D_1	$(D_1 ⇒) D_2$	$(D_2 ⇒) D$
企業値下げ分	0	0	CE_2	FE_3
（供給曲線）	S_1	S_1	$(S_1 ⇒) S_2$	$(S_2 ⇒) S_3$

出所：筆者作成

図表 2 - 9　NEV クレジット取引制度の導入効果

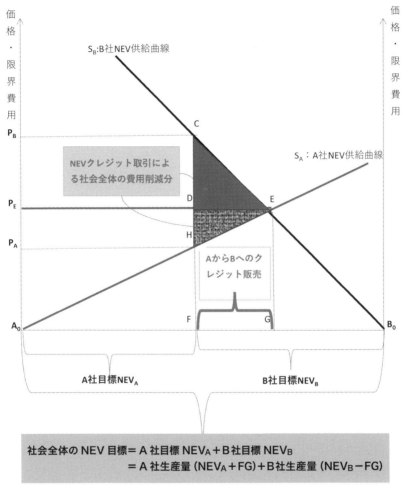

出所：筆者作成

一方、取引を許す場合、限界コストの低いほうがより多く生産し、限界コストの高いほうがその分生産を縮小することを通じて、社会全体のコストが削減される。それぞれの生産量は限界コストが等しくなるところ、つまり、2つの供給曲線が交差するところで決まる。

　そのとき、A社が割り当てAoFとB社への販売分FG分を生産し、かかるコストはAoEG、B社が割り当てBoFからA社から購入するFG分を差し引いた残りのBoG分を生産し、かかるコストはBoEGであるので、全体目標AoBoの達成に掛かる総コストはAoEBoとなる。クレジット取引制度の導入によって、目標達成の総コストは、$AoHCB_0$から$AoEB_0$へ低下し、HCE分が削減されることになる。

　ついでに、FG分がA社からB社に販売され、販売単価はP_Eで、販売額はFDEGとなる。A社は取引を通じて、販売収入FDEGから生産コストFHEGを差し引いたHDE分の利益を上げる。B社は取引を通じて、GECF分の生産コストを削減し、そのうちのFDEG分を取引代金としてA社に支払うが、残りのECD分は避けられたコストなので、利益増加分に等しい。つまり、取引することで、それぞれの目標が達成され、なおかつ社会全体のコストが最小化でき、取引に参加する企業がそれぞれ利益を上げることとなる。

成功体験と経済学理論を参考に

　このように、中国におけるNEV普及政策の転換は、自国が直面している課題、他国での成功経験と経済学理論を踏まえて計画的に行われている。

　2017年9月27日、工業情報化部など4官庁が共同で「乗用車企業平均燃料消費量（CAFC：Corporate Average Fuel Consumption）及びNEVのクレジットの併用に関する管理規定」を公表し、NEV規制およびCAFC規制とそれぞれのクレジット取引の導入を決定した。

　NEV規制・クレジット取引制度は、対象企業に2019年10％、2020年

12％の年次別内燃機関車販売量に対するNEV販売比率規制を課し、それに対応したNEVクレジット取引を導入する。企業が比率規制を超過達成すれば、次年度への繰越し不可だが、販売可能なクレジット（BEVのみ。PHEVとFCV不可）を獲得する。達成できなければ、市場から購入したNEVクレジットで精算しなければならない。

　一方、CAFC規制・クレジット取引制度では、対象企業にCAFC規制（2025年に100km当たりの企業平均燃費基準量を4.6Lに向上）を課すうえで、CAFCクレジット取引を導入する。企業が規制基準を超過達成すれば3年間有効で、資本連携のある自動車関連企業へ譲渡可能なクレジットを獲得する。

　達成できなければ、自社の繰り越しと関連企業から譲渡されたCAFCクレジット、または市場からの購入分を含むNEVクレジットで精算しなければならない。いずれの規制不履行時の罰則として、単車燃費規制未達の新車の販売を許可しないと同時に、関連規定に基づき当該企業を処罰する。

市場をNEV生産に有利に設計

　両制度の関係では、NEVクレジットはCAFC規制の達成に利用できるが、CAFCクレジットはNEV規制の達成に利用できないと規定している。これは、NEV造りが得意なら、内燃機関車造りが不得意でもNEV規制もCAFC規制も達成可能であるが、逆に、内燃機関車造りがどんなに得意でも（3年間有効のCAFCクレジットをいくら貯めても）、NEVを自前で生産・販売しない限り、自前でNEV規制の達成は不可能となり、中国市場でのビジネスが困難であることを意味する。

　CAFC規制・クレジット取引制度は2018年から、NEV規制・クレジット取引制度は1年遅れの2019年から導入された。

　同管理規定（案）は2016年9月22日に発表され、当初は2018年に両制

度を同時に導入する予定であった。パブリックコメントを公募したところ、中国国内からCAFC規制達成へのNEVクレジット利用は燃費向上とNEV促進というそれぞれ本来の目的を曖昧にし、効果検証も困難となること、NEVクレジットの余り分（単位は台）とCAFCクレジットの不足分（単位はL /100km・台）との相殺根拠が不明であることなどが指摘された。

　また、内燃機関車に優位性のある日米欧の自動車業界からNEV比率が高すぎるなどの反発を受けた。にもかかわらず、中国政府はNEV比率を変更せず、NEV規制時期を当初予定より1年先送りの2019年にするなどの微修正で制度導入を断行した。英国やフランスなどでの内燃機関車禁止の動きを踏まえ、世界初の制度革命を通じて、NEV推進のための市場競争を加速し、特に開発主体の中心として外資系から民族系企業へのシフトも同時に促し、自動車「大国」から「強国」への変貌を効率的に実現する狙いである。

　類似制度の国レベルでの導入は世界初なので、「政策革命」といえる。

　第3章と第4章で取り上げるが、制度導入を通じて、NEVに関する技術開発や市場競争を促すことができた。日米欧など自動車メーカーが中国でNEV事業を展開していることは、その証左であろう。

　その後、コロナ禍が始まった2020年には、工業情報化部などが同年6月22日、比率目標を2021年に14％、2022年に16％、2023年に18％へ引き上げるなどの制度の見直しを断行した。コロナ禍の影響があっても、NEVシフトの歩みを緩めない決意を改めて示した。そして、コロナ規制を解除した2023年には、工業情報化部などが6月29日、「乗用車CAFC及びNEVのクレジットの併用に関する管理規定の改訂に関する決定」を作成し、2度目の見直しに踏み切った。その概要解説と影響分析については、第5章で行う。

普及政策が経済回復にも寄与

　中国のNEV販売台数は、2018年に世界で初めて年間100万台の大台を突破し、126万台に達した。しかし、2019年には前年比4%減の121万台で、2009年販売開始以降初めて前年実績を下回った。米国トランプ政権の誕生に伴う米中貿易摩擦の激化などで、2019年の経済成長率が前年より0.5ポイント低い6.1%へ低下したことの影響もあったが、NEV購入補助金を最大58%（航続距離400km以上のBEV乗用車への補助額の上限を6.6万元から2.75万元へ）引き下げた影響が大きいといわれている。

　2020年に入ってから、コロナ禍の影響も加わり、販売台数の前年割れ傾向が年初から続いていた。こうした中、政府は、経済回復にも大きく寄与し得るNEV普及に向けた政策見直しを矢継ぎ早に展開した。

　2020年4月22日、財政部などがNEVに対する自動車取得税（従価税、10%）の免除期間を2020年までから2022年までに延長すると発表した。同月23日に、「NEV普及拡大に向けた財政補助制度の健全化に関する通知」が発出された。

　その中で、年内終了予定の補助金を2年間延長し、2020～2022年の補助額をそれぞれ前年比10%減、20%減、30%減とした。例えば、2019年2.75万元だったBEV乗用車への補助額の上限は、当初予定では2020年に1.38万元へ半減、2021年以降ゼロとなっているが、見直しの結果、2020年2.49万元、2021年1.98万元、2022年1.39万元へとかさ上げされた。補助金の減額幅の縮小と期間延長を通じて、販売増を促す狙いである。

　また、補助資格要件としての航続距離を250kmから300kmへ引き上げ、充電式BEVについては、販売価格30万元以下を補助要件とするが、電池交換式BEVについては、すべての価格帯を補助対象とした。NEVの性能向上や電池交換式BEVの開発加速を支援する狙いである。FCVについては、購入補助から技術開発・製造・水素インフラ整備のモデル都市への支援に切り替えるとした。限られた財源を選択された都市へ集中配分す

ることを通じて、FCV産業の商業化を促す狙いである。

　さらに前述したとおり、NEVクレジット目標規制・取引制度の1回目の見直しも2020年6月22日に決定された。

「NEV下郷」で農村部に普及

　コロナ禍を機に新たに導入したNEV普及対策は、NEVを農村部に普及させるキャンペーン「NEV下郷」事業の展開である（図表2‐10）。工業情報化部と農業農村部、商務部が2020年7月14日に決定した対策である。

　国家統計局によると、2022年末、中国の総人口は14.1億人に上るが、その34.8％、4.9億人が広大な農村部に住んでいる。農村住民の一人当たり平均可処分所得は約2万元（約40万円）で、都市住民の4割にすぎない。

　一方、農村住民は、ほとんど庭付きの戸建て住宅を持ち、屋上型太陽光発電や荒廃地を利用した集中型太陽光発電などを含め、電気は津々浦々まで使えるので、自宅充電が可能でその充電コストが都市部より安い。中国自動車技術研究センターによると、農村住民の自動車利用の行動範囲は主に5〜15kmであるので、行動範囲のもっと広い都市住民と比べると、航続距離に対する要求は高くない。農村部における急速充電インフラの整備も給油所の整備も都市部より遅れているが、NEVなら自宅充電が可能なので、内燃機関車を持つ場合の給油所へのアクセス時間も費用も省ける。一方、自宅充電にしても、急速充電にしても、送電網の容量不足問題が発生する可能性がある。いずれも中国の実態である。

　NEVのトップシンクタンクである中国電動車百人会が2020年7月に公表した「中国農村部電動車走行研究」は「自動車メーカーは農村住民のニーズに合わせ、価格が安く、実用性の高い軽や小型NEVを主に提供すべきである。その主要仕様については、航続距離が150〜300km、電池容量が20〜30kW時、価格が4万元前後」としている。

　これら中国の実情や電動車百人会の提言などを踏まえ、政府は、自動車

図表 2 － 10　「NEV 下郷」事業の概要と推移

決定時期	推進官庁	対象期間	対象地域	協力会社と対象車種数 会社数(社)	車種数(車種)	年次	対象車種販売実績 (万台)	NEV全体の全国での販売量 (万台)
2020年7月	工業情報化部、農業農村部、商務部	2020年7月～2020年12月	山東省青島市、海南省海口市、雲南省昆明市、江蘇省南京市など	24	61	2020年	39.7	136.7
2021年3月	工業情報化部、農業農村部、商務部、国家能源局	2021年3月～2021年12月	広西省、重慶市、山東省、江蘇省、海南省、四川省、青島市などの地方都市と県域	18	52	2021年	106.8	352.1
2022年5月	工業情報化部、農業農村部、商務部、国家能源局	2022年5月～2022年12月	山西省、吉林省、江蘇省、浙江省、河南省、山東省、湖北省、湖南省、海南省、四川省、甘粛省などの地方都市と県域	26	70	2022年	266.0	688.7
2022年までの合計(協力会社と対象車種は延べ数)				68	183		412.48	1,177.5
2023年6月	工業情報化部、国家発展改革委員会、農業農村部、商務部、国家能源局	2023年6月～2023年12月	全国の農村部	30	69	2023年		参考：2019年は123.3万台

出所：中国工業情報化部ホームページと中国自動車工業協会ホームページなどに基づき筆者作成

メーカーに農村住民にとって実用的なNEVの開発、特別割引の実施、アフターサービスの充実などを促し、地方自治体に優遇措置の提供、充電インフラ整備の推進、NEV利用環境の改善などを求めた。NEV下郷を通じて、NEV市場を都市部から農村部への拡大、農村部のグリーン走行の実現と農村振興を同時に図る狙いである。

テスラの販売台数を上回る

その効果は顕著であった。例えば、NEV下郷に合わせて、乗用車大手の上汽通用五菱汽車が2020年7月に小型BEV「宏光MINI」（航続距離120〜170km、販売価格2.88万〜3.48万元）を発売した。翌月の同年8月には、月間販売台数が1.5万台となり、これまでの首位だった米国のテスラのモデル3を超えた。その後、月間販売台数が伸び、同年12月には3.2万台を記録し、2位のテスラのモデル3を8293台上回った。中国自動車工業協会によると、2020年7〜12月において、24社の61車種がキャンペーンに参加し、その年間販売台数は39.7万台となった。

NEV下郷事業は、2022年まで限定された地域で展開された。3年間でのべ68社183車種がキャンペーンに参加し、対象車種の累積販売台数は412.5万台に上った。NEV下郷の効果もあって、中国全体のNEV販売量は2020年から再び増加に転じ、2022年までの3年間の年平均増加率は77.4％にも達し、年間販売量は2019年の123.3万台から2022年の688.7万台へ、4.6倍増加した。

それにもかかわらず、工業情報化部によると、2022年、農村部での新車販売台数に占めるNEVの比率はわずか4％で、国全体の25.6％を大幅に下回った。農村市場の潜在力が十分に生かされていない。

そのため中国は、3年に及んだ「ゼロコロナ政策」を2022年末に転換し、移動制限などを撤廃したが、コロナ禍を機に開始したNEV下郷キャンペーンを中止しなかった。

　2023年6月12日、工業情報化部と農業農村部、商務部に国家発展改革委員会と国家能源局も加えた5官庁が共同で「2023年NEV下郷」事業の展開を通知した。事業を地域限定にせず全国へ拡大する。集中型展示販売活動だけではなく、動画を配信しながら商品を販売する「ライブコマース」などのインターネット通販を組み合わせた販売促進活動についても、地方自治体の関連部署が共同で支援する。30社の69車種がキャンペーン対象と指定された。

　キャンペーン期限は2023年末までと規定されたが、今後については、中央政府が主導するかどうかは別として継続される可能性が高い。

　例えば、山東省政府は2023年9月9日に「山東省『NEV下郷』促進3ヵ年行動計画（2023～2025年）」を公表した。省内NEV保有台数を2022年の122.7万台から2025年に240万台へ、そのうち、農村住民のNEV保有台数を46.2万台から100万台へ拡大するとした。充電インフラにつ

BYD のコンパクト EV「ドルフィン」

いては、省内の公共充電器を9.6万基から18万基（うち農村部1万基）へ、住宅充電器を25.7万基から90万基（うち農村部15万基）へ増加させるとした。また、NEV下郷の対象車種として、政府指定の69車種のほかに、省内製造の適合車39車種を対象目録に加え、省内NEV生産量を33万台から100万台へ拡大するとの目標も設定した。

　山東省と同様な動きは他の地域にも広がり、全国農村部でのNEV導入が一層加速すると期待される。

脱炭素化の至上命令を受けて

　2020年9月22日、習近平国家主席は国連総会で、中国の脱炭素「3060目標」を公表した。その後、共産党中央と政府が連携して、公約達成を担保する関連国内計画の作成に乗り出した。

　2020年10月26〜29日、中国共産党第19期中央委員会第5回全体会議が北京で開催され、「国民経済と社会発展第14次5カ年計画及び2035年長期目標の作成に関する共産党中央の建議」が採択された。「建議」という表現は、提案や意見の申し立ての意味であるが、共産党中央委員会の「建議」は従うべき「至上命令」の性格を持つ。今回の「建議」では、2035年までの地球温暖化対策の基本方針として、グリーンで低炭素発展を加速し、エネルギーのクリーン・低炭素・安全・高効率の利用を推進すると規定した。

　また、CO_2排出原単位を削減し、地域ごとで条件は異なるが、排出量の早期ピークアウトを支持し、2030年までのCO_2排出量ピークアウト行動方案を制定するとした。政策体系の中で、再生可能エネルギー産業とNEV産業の発展を図ると明記した。脱炭素「3060目標」の達成にとって、再生可能エネルギー普及による電力供給の脱炭素とNEV普及による自動車利用の脱炭素を同時に推進することを改めて強調したものである。

　そして、2020年11月2日、「NEV産業発展計画（2021〜2035年）」が公表された。その中で、部品・完成車製造から充電・水素供給インフラ整

備までを含むNEV産業の発展を、温暖化防止に欠かせない戦略的措置、自動車大国から強国への移行に避けて通れない道と位置付けた。そのうえで、2025年に新車販売に占めるNEV比率を20％へ高め、2035年にBEVを新車販売の主流とし、NEV全体を新車販売の50％以上とする導入目標を明記した。同時に、導入目標に合わせた充電インフラを計画的に整備するとした。

電気料金が最も安いときに充電

　具体的には、住民居住区では電力需要が少なく、電力料金が最も安いときに充電できるなどのスマート機能付きの普通充電を主に、応急用急速充電を補助とする充電サービスモデルの導入拡大を推進する。高速道路を含む公道や都市部と県域などでは、急速充電を主に、普通充電を補助とする公共充電網をNEV導入拡大より適度に先行して整備する。電池交換式モデルの応用拡大を推奨する。充電設備と配電系統の安全監視・警報などの技術開発を強化し、無線充電施設の電磁波使用規則を整備し、充電インフラの安全性、一致性、信頼性を高め、充電サービスの質を向上させる。住民居住区における充電器シェアリング、NEV複数台による充電器の共同利用、商業施設での駐車充電一体化サービスの提供などの充電サービスモデルの創出を推奨する。

　その後、2021年10月24日、国務院は「2030年までのCO_2排出量ピークアウト行動方案」を決定した。その中で、充電器と電力網、水素充てんステーションなどの基礎施設の建設を計画的に推進し、都市公共交通インフラの水準を向上させると明記した。

　2022年1月10日、国家発展改革委員会が「NEV充電サービス保障能力のさらなる向上に向けた取り組み関する意見」を発出し、2025年までに、NEV充電保証能力をさらに向上させ、2000万台のNEVの充電需要を満たすとの具体的目標を打ち出した。

「NEVで家に戻れる、都会を離れられる、遠出できる」

　この目標実現の工程表が交通運輸部と国家能源局、国家電網有限公司、中国南方電網有限公司によって作成された。2022年8月25日、4者は共同で「公道沿線充電基礎施設建設加速の行動方案」を公表した。NEVで「家に戻れる、都会を離れられる、農村部にも遠出できる」ことを目標に充電サービスを、①2022年末までに全国高速道路サービスエリア、②2023年末までに条件の整えた一般国道と地方公道のサービスエリア、③2025年までに農村部公道沿線にまで拡大する——と明記した。同時に、充電インフレ事業者に補助金や低利融資などの政策支援を拡充するとした。

　遅れている農村部での充電インフラ整備の加速も図られた。2023年5月14日、国家発展改革委員会と国家能源局が「充電基礎施設の建設推進を加速し、NEV下郷と農村振興をよりよく支えることに向けた実施意見」を通達した。その中で、公共充電施設の配置と建設の強化については、優先的に企業や事務所、商業施設、駅、公路沿線サービスエリアで公共充電施設を配置し、道路沿線や条件の整えたガソリンスタンドで公共充電施設の建設を加速するとした。居住団地向け充電施設建設とシェアリングについては、居住団地での建設を加速し、固定駐車所での充電器設置、充電器シェアリングを推進するとした。

　充電施設建設と運営への支援強化については、地方自治体が地方債などを利用して、公共充電施設建設を支援すること、2030年までに集中型充電・電池交換施設での電力消費について基本料金を免除し、充電などに対応する従量料金だけ電気事業者に支払うこととした。さらに、スマート充電などの新しい充電モデルの利用拡大を推奨し、充電器利用率の低い地域で、太陽光発電・蓄電・充電・送電の一体化施設の実装を探索するなどとした。

中国規格の国際規格化を推進

　さらに、全国における2030年目標は、国務院によって設定された。2023年6月19日、国務院が「高品質充電基礎施設体系のさらなる構築に関する指導的意見」を通達した。その中で、充電施設を交通とエネルギーを融合できる重要な基礎施設として、①充電基礎施設整備計画と電力計画、交通計画などを一体化すること、②充電基礎施設建設をNEV導入より適度に先行させ、規格基準体系を整備し、中国規格の国際規格化を推進すること、③NEVと充電施設網、インターネット網、交通網、電力網との融合を推進すること、④安全第一の下で、利便性と経済性を高めること——と規定した。

　そして、⑤目標として、2030年までに広範囲、大規模、合理的構造と多様な機能を持つ高品質充電インフラを基本的に整備し、NEV産業の発展を支え、NEV充電需要を効率よく満たすと明記した。都市部全域（面状）、公路沿線（線状）、町村域（点状）で充電施設を配置し、中・大型都市の有料駐車場の充電器付き駐車区画の比率が登録NEV比率を可能な限り超えること、農村地域の充電サービスのカバレージを着実に高めることを目指すとした。

　⑥政策措置については、地方自治体が主体責任を担い、充電基礎施設と電力網の整備に必要な土地、架線空間などの需要を満足させ、資金援助を検討すること、地方自治体が充電サービスに対応する充電施設運営補助制度を整備し、大出力充電、「V2G」型運営など先進的取り組みへの補助を増大し、地方債などによる充電施設建設への支援を行うよう推奨すると規定した。V2Gは電気自動車（Vehicle）が電力網（Grid）から電力を供給されるだけではなく、Vに蓄えられた電力をGに供給し、Vを電力系統の調整力として有効活用することを指す。

　充電インフラを全国の隅々までに整備することを通じて、脱炭素、電力安定供給の確保、そして自動車強国の実現を後押しする姿勢を鮮明にして

いる。

2023年9月17日付日本経済新聞によると、日本では経済産業省が補助した公共の充電器が更新期に入り、採算難で撤去する事業者が少なくない。NEVの普及の鈍さが、その普及を支える充電サービスの縮小を招く悪循環にはまりつつある。

一方、中国充電連盟と公安部によると、中国の充電器設置数は2022年末時点で521万基に拡大し、前年比259万基増えた。NEV保有台数は1310万台に拡大し、同526万台増となった。充電器設置数対NEV保有台数の倍率は、ストックベースで2021年末の3倍から2.5倍へ、増加量ベースでは2倍に改善された。このほかに、電池自体を交換する「電池交換ステーション」は前年比675カ所増の1973カ所となった。

成功しているかどうかに関するさらなる検証が必要であるが、中国ではNEVの販売・保有台数と充電インフラの新設・稼働基数が共に増える好循環になりつつある。

BEVを戦略的中心に位置付け

中国では、経済社会発展5カ年計画や10年ないし15年先を対象とする中長期計画を作成して、経済社会の運営を行っている。総合計画は、全国人民代表大会の審議、了承を得て公表される。一方、NEVを中心とする初めての産業発展中長期計画として、国務院が2012年6月28日、「省エネ自動車とNEV産業発展計画」（2012〜2020年）を公表した（図表2─11）。今まで、官庁によって、BEV、PHEVとFCVを電動自動車と読んだり、NEVと読んだりしているが、混乱を避けるため、NEVに統一した。また、HVはNEVに含まず、省エネ自動車として分類することも明記した。

発展計画では、技術路線として「BEVをNEVと自動車産業全体の戦略的中心と位置付け、当面はBEVとPHEVの産業化を重点的に推進し、HV利用を促進する」と規定した。具体的目標として、BEVとPHEVの累積生

図表 2 – 11　NEV 技術開発と産業育成の関連主計画

「電動自動車科学技術発展第12次5カ年計画」 （科学技術部、2012年3月27日）	●電動自動車の発展は自動車産業の競争力の向上、エネルギー安全保障の確保、低炭素経済の発展における重要なアプローチであると規定
	●技術路線：FCVを含む電動自動車がNEV技術の発展方向であり、重点中の重点
	●全体目標：2015年までに、PHEVの産業化技術のブレークスルーを実現するとともに、小型BEVを中心に電動自動車の大規模な商業化モデル実験を行う。2020年までに、小型BEVを中心に電動自動車の大規模な産業化を推進するとともに、次世代動力電池と燃料電池の産業化を開始
	●インフラ整備目標：2015年までに、20以上のモデル実験都市を中心に、充電スタンド2000カ所、急速充電器40万個を設置
「省エネとNEV産業発展計画（2012～2020年）」 （国務院、2012年6月28日）	●省エネとNEVへの構造転換を自動車産業の主な発展戦略と規定。NEVの産業化を重点的に、省エネ自動車の普及を力強く推進し、自動車「工業大国」から「工業強国」への転換を実現
	●今まで約10年間の研究開発と実験的導入を経て、NEV商業化の基礎を築いた。
	●2015年までに、NEVの累積生産・販売量を50万台以上に拡大
	●NEVの生産能力を2020年に200万台とし、累積生産・販売量を2020年までに500万台以上に拡大
	●2020年までに、FCV産業と車向け水素産業の発展水準を国際水準に引き上げ
「中国製造2025」 （国務院、2015年5月8日）対応の新エネ自動車産業の発展戦略目標 （工業情報化部、2015年5月22日）	●省エネとNEVは自動車製造強国への避けて通れない道
	●BEVとPHEV：①2020年、民族系メーカーによる年間販売量を100万台、国内市場シェアを70％以上。2025年、国際先進水準に達する民族系メーカーによる年間販売量を300万台、国内市場シェアを80％以上。②スターブランドを育成、2020年に世界販売量のトップ10入りとNEVバスの大規模輸出を実現。2025年、完成車メーカー2社が世界販売量トップ10入りを実現。販売量に占める輸出の割合を10％に高める。③動力電池、駆動電機等コア部品は2020年に国際先進水準に達し、国内市場の80％を供給。2025年に、コア部品の大規模輸出を実現
	●FCV：①2020年、コア材料量産化の品質問題を解決、2025年に高品質のコア材料と部品の国産化と量産化を実現。②2020年に燃料電池寿命が5000時間、完成車耐久距離が15万km、航続距離が500km、水素充填時間が3分以内などを実現。2025年、在来型自動車やBEV、PHEVと比べ、ある程度の市場競争力を持ち、大量生産と商業化ベースでの利用拡大を実現。③2020年までに1000台を生産、モデル運行を行う。2025年に水素製造と水素充填など基礎施設の整備を基本的に完成、地域で小規模運行を実現

「自動車産業中長期発展改革」」（工業情報化部、国家発展改革委員会、科学技術部、2017年4月6日）	●NEVとインテリジェント・コネクテッド自動車を突破口に、10年間努力し自動車強国の列に入る
	●2020年に、NEV生産・販売量が200万台、動力電池系統エネルギー密度が260Wh/kg、電池コストが1元/Wh以下。2025年にNEV販売比率を20%以上、動力電池系統エネルギー密度が350Wh/kg以上
	●2020年に、NEV企業数社が世界トップ10入り、2025年、NEV大手企業が世界市場に占める比率をさらに高め、影響力を向上
	●インテリジェント・コネクテッド自動車は、2020年に国際水準に達し、2025年に国際先進の列に
「NEV産業発展計画」（国務院、2020年10月20日）	●NEVは自動車製造強国への避けて通れない道、気候変動対策とグリーン発展に向けて戦略措置
	●2025年にBEV電費を8.3km/kWhへ改善、新車販売に占めるNEV比率を20%へ高め、高度自動運転NEVの限定地域での商業化利用を実現、充電・電池交換サービスの利便性が顕著に向上
	●2035年にNEVコア技術が国際先進水準に達し、中国ブランドが比較的高い国際競争力を持つ。BEVが新車販売の主流、公共用車が全面的にNEV化、FCVの商業化を実現、高度自動運転NEVの大規模利用を実現
	●動力電池のバリューチェーンの強靭化を図る。リチウム、ニッケル、コバルト、プラチナ等核心鉱物資源の安定供給能力を高め、動力電池の回収、カスケード利用と再資源化システムを健全化
	●NEVと送電網の双方向受電送電（V2G）を強化

出所：中国政府官庁ホームページに基づき筆者作成

産・販売量を2015年までに50万台へ、2020年までに500万台以上へ拡大し、生産能力を2020年に200万台とするとした。FCVと車向け水素産業については、発展水準を国際水準に引き上げるとした。

　NEVはHVを含まないこと、BEVはNEVの中心と位置付けられることは、今となって、国際的な常識になりつつあるが、中国が2012年に国家計画として規定したことは、先見の明があったといえよう。

　その後、国務院が2014年7月に公表した「NEV利用拡大の加速に関する国務院決定」、2015年5月に公表した「中国製造2025」に対応する重点領域技術ロードマップ（国家製造強国建設戦略諮問委員会〈NMSAC、2015/10〉）などの公文書で、NEV販売比率を2020年に5%以上、2025年

に20％以上、販売量を2030年に1000万台以上を目指すと規定している。

2030年までのロードマップ

　これらの目標を具体化した「省エネ自動車とNEV技術ロードマップ」が2016年10月26日に公表された。NMSACと国家情報工業化部の委託を受けて、中国自動車工程学会が500人以上の専門家を動員し、1年間かけて作成したものである。その中で、2030年までのNEV普及目標、技術開発目標と重点分野などを含むロードマップを明記している。次の点が注目されよう。

　①普及目標として、NEV販売比率を2015年の1.3％から2020年に7～10％へ、2025年に15～20％へ、2030年に40～50％へ高めると規定したこと。自動車全体の生産・販売目標と合わせると、NEV販売量は2015年の33万台から、2020年に210万～300万台、2025年に525万～700万台、2030年に1520万～1900万台へ増加すると推定される。それに伴い、NEV保有台数は2015年の45万台から、2020年に500万台以上へ、2025年に2000万台以上、2030年に8000万台へ増加するとした。

　②NEV利用拡大に欠かせない充電インフラ整備の数値目標を明記したこと。充電ステーションと充電器は2015年に、それぞれ3600カ所、約16万基であったが、充電ステーションを2020年に1.2万カ所以上へ、2025年に3.6万カ所以上、2030年に4.8万カ所以上へ、充電器を同500万基以上、2000万基以上、8000万基以上へ増加するとした。NEV販売台数、保有台数と連動して、充電インフラを整備することになっている。

　③ユーザーが高い関心を持っている航続距離の延伸目標も打ち出していること。1回の充電によるBEVの航続距離は2015年時点で約150～200kmにすぎないが、2020年に300kmへ、2025年に400kmへ、2030年に500kmへと延伸させるとした。

　④動力電池について、NEVの航続距離延伸に欠かせないエネルギー密

度の向上目標、価格競争力向上に欠かせないコストの削減目標を明記したこと。例えば、BEV向け電池のエネルギー密度を2020年に1kg当たり350W時へ、2030年に500W時へ高める一方、電池システムコストを2020年に1kW時当たり1000元へ、2030年に800元へ削減すると設定している。また、国際先進水準に追いつき追い越すため、電池の安全性と長寿命化、新材料などを重点開発分野として指定している。

　2017年以降、米国トランプ政権の誕生に伴う米中貿易摩擦の激化、2020年にコロナ禍が発生したが、前述の2020年目標は、概ね1年遅れの2021年に達成された。例えば、2020年のNEV販売量目標は200万台以上であったのに対し、2020年実績は137万台で目標未達であったが、2021年には352万台で、2020年目標を152万台も上回った。また、2020年のNEV保有台数目標は500万台以上であったのに対し、2020年実績は492万台で目標未達であったが、2021年には784万台で、2020年目標を57%も上回った。

　さらに、脱炭素「3060目標」に対応する2035年までの長期計画として、2020年11月2日、「NEV産業発展計画（2021 〜 2035年）」が公表された。2012年は「省エネ自動車とNEV産業発展計画（2012 〜 2020年）」であったが、今回は、省エネ自動車を外した。NEVに特化した産業発展計画は中国初である。NEV産業の発展を自動車大国から強国への移行に避けて通れない道、地球温暖化防止に欠かせない措置として戦略的に重視する姿勢が改めて示された。

公共部門向けを完全電動化へ

　今後の長期目標については、2025年に新車販売に占めるNEVの比率を20%へ高め、2035年にはBEVが新車販売の主流となり、公共部門向け自動車が完全に電動化し、FCVの商業化を実現するとした。

　2035年の新車販売比率目標は明記していないが、中国自動車工程学会

図表 2 － 12　2035年に向けた NEV ロードマップ（Vr.2.0、2020年版）

	2020年	2025年	2030年	2035年
現状と目標	①世界NEV乗用車販売量トップ10に中国系が3社入り、中国の販売台数が世界の40%を占める。②車載用リチウムイオン電池出荷量の世界トップ10に中国系6社入り、中国出荷量が世界の41%以上③NEV全体の技術水準が国際先進水準に達していない。	①自立で制御可能なNEVサプライチェーンを確立②NEV発火事故率を10万分の5以下に③最も厳しい自動車安全水準（ASIL-D）を実現④動力電池や駆動装置等コア部品が国際トップレベルに達し、大規模輸出を実現	①自立で制御可能なNEVサプライチェーンのさらなる健全化を追求②NEV発火事故率を10万分の1以下に③最も厳しい自動車安全水準（ASIL-D）を実現④動力電池や駆動装置等コア部品が国際トップレベルに達し、大規模輸出を実現	①成熟、健康、グリーンなNEVサプライチェーンを確立②NEV発火事故率を100万分の1以下に③最も厳しい自動車安全水準（ASIL-D）を維持④動力電池や駆動装置などコア部品が国際トップブランドとして、主導的地位を固める。
NEV年間販売量比率（販売量）	5.4%（137万台）（目標：7～10%、210～300万台）	20%	40%	>50%
BEVとPHEV販売量比率	5.40%	15～25%	30～40%	50～60%
NEVに占めるBEV年間販売量比率	81.50%	>90%	>93%	>95%
参考：自動車年間販売量	2531万台（当初見込み3000万台）	見込み：3200万台	見込み：3800万台	見込み：4000万台
充電インフラ	普通充電87万基、急速充電81万基、計168万基（目標：500万基）	普通充電1300万基以上、急速充電80万基以上、充電電力量1000億kWh	普通充電7000万基以上、急速充電128万基以上、充電電力量3000億kWh	普通充電1.5億基以上、急速充電146万基以上、充電電力量5000億kWh
NEV保有台数	492万台（目標：500万台）	>2000万台	>8000万台	>1.5億台
FCV保有台数	（2022年実績）10564台（2020年目標：5000台）	10万台		100万台
FCV用水素ステーション数	（2022年実績）358ヵ所	1000ヵ所		5000ヵ所

出所：中国汽車工程学会「省エネとNEV技術路線図2.0」（2020年10月27日）、中国自動車工業会などの発表に基づき著者作成

が2020年10月27日に公表した「省エネ自動車・NEV技術ロードマップ2.0」では、NEV比率が50％以上、残りはすべてハイブリッド車（HV）とした（図表2－12）。具体的には、新車販売に占めるBEVとPHEVの比率は50〜60％、NEVに占めるBEVの比率を95％以上と明記している。販売台数や比率を明記していないFCVを考慮に入れないとして、新車販売に占めるBEVの比率は2022年実績の20％から2035年に47.5〜57％以上、PHEVの比率は同5.7％から2.5〜3％以下と試算される。2012年発展計画で確立したBEVを中心に据える車種戦略が着実に実現されるロードマップとなっている。

　また、FCV保有台数を2025年に10万台、2035年に100万台、自動車産業起源のCO_2排出量を2028年にピークアウトし、2035年にピーク時より20％削減するとの目標も設定された。

〈参考文献〉
中国生態環境部「中国生態環境統計年報」（各年版）
中国生態環境部「中国移動源環境管理年報2022」（2022年12月7日）
中国生態環境部環境規画院「3060脱炭素目標を考慮した我が国の貨物輸送におけるCO_2と大気汚染物質排出量に関する研究：Change of Freight Demand in China and its Impact on Carbon Dioxide and Air Pollutants Emissions Under Carbon Peak and NEUtraLity Goals」（2022年12月28日）
中国国家統計局「中国統計年鑑2022」（2022年9月1日）
中国電動車百人会「中国農村部電動車走行研究」（2020年7月）

第3章

電動化の
先頭に躍り出る
──中国が塗り替える自動車産業の勢力図

自動車の電動化は、世界的な流れである。そのような中、国際社会から特に注目を集めているのは中国である。2023年に入ってから、新聞やテレビ、電子媒体などで、中国の自動車の電動化を取りあげない日はないほどである。

　例えば、2023年9月から「EUが中国のBEVに関する補助金を調査」「内燃機関車に強い日系メーカーがNEV販売急増の中国で苦戦」「中国のNEV大手、比亜迪（BYD）が小型BEV（ドルフィン）を日本で発売」などのような報道が流れた。注目の理由は極めて単純である。長らく外資系の狩場となっている中国が、世界の自動車電動化の先頭に躍り出て、世界の自動車産業の勢力図を塗り替えようとしているにほかならないからである。

　本章の目的は、世界の自動車電動化における中国の立ち位置を、図表化したデータで考察することである。用いるデータは、すべて公開されたもので、電子媒体で入手できるものである。

急加速するNEVの生産・販売

　中国におけるNEV導入元年は、政府補助による導入促進モデル事業を開始した2009年であった。その後、NEV市場が急速に拡大した（図表3－1）。2011 〜 2022年において、生産量、販売量（輸出を含む）の年平均伸び率はともに84.5％に達した。

　中国自動車工業協会によると、2022年のNEV生産量は前年比96.9％増の706万台、販売量は93.4％増の689万台であった。新車販売に占めるNEV率は12.2ポイント上昇の25.6％となり、2025年に20％とする政府目標を3年前倒しで、5.6ポイントも超過達成した。一方、内燃機関車の年間販売量は12.2％減の1998万台であった。2017年の2810万台をピークに5年連続で減少し、10年ぶりに2000万台割れとなった。NEVシフトの加速が2021年からの自動車市場の拡大をけん引したのである（図表3－

2）。

　2023年においても、NEV導入がさらに加速した。最新統計によると、同年1〜10月の自動車販売量は2397万台、前年比9.1％増となった。そのうち、NEV販売量は37.8％増の728万台（うちBEVが516万台、PHEVが212万台）で、販売比率は6.3ポイント増の30.4％へ上昇した。また、同年10月の自動車販売量は前年比13.9％増の285万台であった。NEV販売量は33.9％増の96万台となり、販売比率は5ポイント増の33.5％へ上昇した。

　一方、2023年1〜10月の内燃機関車の販売量は0.05％減の1669万台で、2018年から始まった前年実績割れは2023年10月までの期間でも続くことになった。国内需要に限ってみると、内燃機関車の販売量は前年同期比で7.7％減の1376万台に止まった。中国自動車工業協会の陳士華・副秘書長は2023年11月の記者発表会で、「内燃機関車の販売量は毎月10万台のペースで減少し、市場が縮小している」と述べた。

世界最大のNEV生産・販売・保有国に

　世界のNEV市場も急拡大している。IEAによると、世界のNEV販売台数は2013年の20万台から2022年には1065万台へ、51.7倍増加した。年平均伸び率は35.7％に達した。新車販売に占めるNEVの比率は0.2％から13.1％へ急伸した。

　そうした中で2015年、中国は、NEVの生産台数が34万台、販売台数が33万台、保有台数が42万台に達し、初めて世界最大のNEV生産・販売・保有国となった。2022年には、NEVの生産台数が706万台、販売台数が689万台、保有台数が1310万台に達し、8年連続世界最大の座を維持した。2022年における世界のNEV生産、販売、保有に占める中国のシェアは、それぞれ69％、65％、50％となった（図表3−3）。中国が世界のNEV市場を支え、自動車電動化をけん引している構図が浮かび上がる。

図表 3 - 1　中国の NEV 生産・販売台数と車両構造の推移

	生産・販売台数（万台）							
	2011	2014	2015	2016	2017	2018	2019	2020
自動車生産量	1,842	2,372	2,450	2,812	2,902	2,781	2,574	2,523
内:新エネ車計	0.8	7.8	34.0	51.7	79.4	125.7	127.1	136.6
EV	0.6	4.9	25.5	41.7	66.6	98.0	104.8	110.5
PHV	0.3	3.0	8.6	9.9	12.8	27.6	21.9	26.0
FCV	0.0	0.0	0.0	0.1	0.1	0.2	0.3	0.1
シェア	100.0	100.0	100.0	100.0	100.0	100.0	100.0	100.0
内:新エネ車計	0.0	0.3	1.4	1.8	2.7	4.5	4.9	5.4
EV	0.0	0.2	1.0	1.5	2.3	3.5	4.1	4.4
PHV	0.0	0.1	0.4	0.4	0.4	1.0	0.9	1.0
FCV	0.0	0.0	0.0	0.0	0.0	0.0	0.0	0.0
自動車販売量	1,851	2,349	2,460	2,803	2,888	2,808	2,580	2,531
内:新エネ車計	0.8	7.5	33.1	50.7	77.7	124.9	123.3	136.7
EV	0.6	4.5	24.7	40.9	65.2	98.1	99.9	111.5
PHV	0.3	3.0	8.4	9.8	12.5	26.6	23.2	25.1
FCV	0.0	0.0	0.0	0.1	0.128	0.2	0.3	0.1
シェア	100.0	100.0	100.0	100.0	100.0	100.0	100.0	100.0
内:新エネ車計	0.0	0.3	1.3	1.8	2.7	4.4	4.8	5.4
EV	0.0	0.2	1.0	1.5	2.3	3.5	3.9	4.4
PHV	0.0	0.1	0.3	0.3	0.4	0.9	0.9	1.0
FCV	0.0	0.0	0.0	0.0	0.0	0.0	0.0	0.0

出所：中国自動車工業協会発表に基づき筆者作成

BYD、上海汽車がトップメーカーに躍進

　日本は、リチウムイオン電池などの部品や素材の技術開発で世界をリードしているが、最終製品の産業化や国際競争力の面で立ち遅れた。完成車メーカーでは、日産、三菱、トヨタが2014年まで世界NEV販売量トップ10に入っていたが、2022年にはトップ20にも日本メーカーの名前がなかった（図表3 - 4）。

累計			年平均伸び率(%)			
2021	2022	累計	2015/2011	2020/2015	2022/2020	2022/2011
2,608	2,702	29,704	7.4	0.6	3.5	3.5
354.5	705.8	1,626.5	152.6	32.0	127.3	84.5
294.2	546.7	1,295.9	159.0	34.1	122.4	86.8
60.1	158.8	329.5	137.2	24.8	147.1	78.5
0.2	0.4	1.3	-	-	73.5	-
100.0	100.0	100.0				
13.6	26.1	5.5				
11.3	20.2	4.4				
2.3	5.9	1.1				
0.0	0.0	0.0				
2,628	2,686	29,713	7.4	0.6	3.0	3.4
352.1	688.7	1,598.6	152.4	32.8	124.4	84.5
291.6	536.5	1,276.1	158.1	35.1	119.4	86.7
60.3	151.8	321.3	138.6	24.6	145.9	78.6
0.2	0.3	1.2	-	-	68.8	-
100.0	100.0	100.0				
13.4	25.6	5.4				
11.1	20.0	4.3				
2.3	5.7	1.1				
0.0	0.0	0.0				

　それに対し、中国は、第1章と第2章で示したように、国家戦略として NEVの技術開発と産業育成、導入拡大を推進してきた。その結果、BYD や上海汽車など中国系7〜10社は2015以降、世界トップ20社に名を連 ねている。2022年には、BYDがテスラを超え、NEV販売量の世界トップ となった。

図表 3－2　中国の自動車販売台数と NEV 販売比率の推移

新車販売台数（万台）

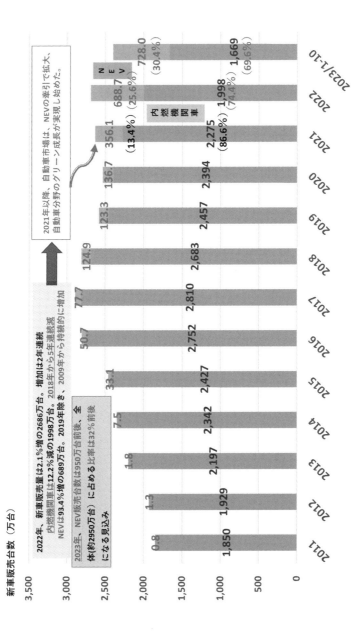

出所：中国自動車工業協会発表に基づき著者作成

図表 3 － 3　世界の NEV 市場に占める中国シェアの推移

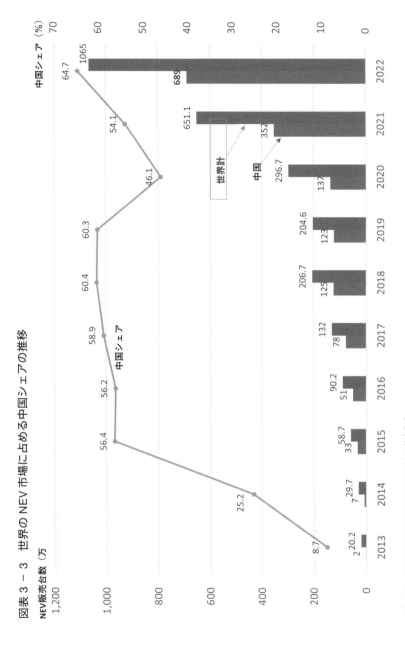

出所：IEA と中国自動車工業協会発表などに基づき筆者作成

図表3－4　2013～2022年における世界NEV（乗用車）販売台数ランキング

順位	2013	2014	2015	2016	2017
1	日産（日）	日産（日）	BYD（中）	BYD（中）	BYD（中）
2	シボレー（米）	三菱（日）	テスラ（米）	テスラ（米）	北京汽車（中）
3	三菱（日）	テスラ（米）	三菱（日）	BMW（独）	テスラ（米）
4	トヨタ（日）	シボレー（米）	日産（日）	日産（日）	BMW（独）
5	テスラ（米）	フォード（米）	フォルクスワーゲン（独）	北京汽車（中）	シボレー（米）
6	ルノー（仏）	トヨタ（日）	BMW（独）	フォルクスワーゲン（独）	日産（日）
7	フォード（米）	BYD（中）	KANDI（中）	衆泰（中）	トヨタ（日）
8	ボルボ（典）	ルノー（仏）	ルノー（仏）	シボレー（米）	上海汽車（中）
9	奇瑞（中）	BMW（独）	衆泰（中）	三菱（日）	フォルクスワーゲン（独）
10	Smart（独）	KANDI（中）	フォード（米）	ルノー（仏）	知豆（中）
11	BYD（中）	フォルクスワーゲン（独）	シボレー（米）	フォード（米）	ルノー（仏）
12	江淮（中）	奇瑞（中）	北京汽車（中）	奇瑞（中）	衆泰（中）
13	フォルクスワーゲン（独）	衆泰（中）	奇瑞（中）	メルセデス（独）	奇瑞（中）
14	BMW（独）	Smart（独）	アウディ（独）	知豆（中）	江鈴（中）
15	本田（日）	北京汽車（中）	上海汽車（中）	上海汽車（中）	長安（中）
16		ボルボ（典）	メルセデス（独）	江淮（中）	メルセデス（独）
17		ポルシェ（独）	江淮（中）	吉利（中）	江淮（中）
18		フィアット（伊）	ボルボ（典）	江鈴（中）	三菱（日）
19		キャデラック（米）	起亜（韓）	ボルボ（典）	吉利（中）
20	起亜（韓）	起亜（韓）	ポルシェ（独）	アウディ（独）	現代（韓）
（中国系）	3	5	7	9	10

順位	2018	2019	2020	2021	2022
1	BYD(中)	テスラ(米)	テスラ(米)	テスラ(米)	BYD(中)
2	テスラ(米)	BYD(中)	フォルクスワーゲン(独)	BYD(中)	テスラ(米)
3	北京汽車(中)	北京汽車(中)	BYD(中)	上汽通用五菱	上汽通用五菱
4	BMW(独)	上海汽車(中)	上汽通用五菱	フォルクスワーゲン(独)	フォルクスワーゲン(独)
5	日産(日)	BMW(独)	BMW(独)	BMW(独)	BMW(独)
6	上海汽車(中)	フォルクスワーゲン(独)	ベンツ(独)	ベンツ(独)	ベンツ(独)
7	奇瑞(中)	日産(日)	ルノー(仏)	上海汽車(中)	広州汽車(中)
8	現代(韓)	吉利(中)	ボルボ(典)	ボルボ(典)	上海汽車(中)
9	ルノー(仏)	現代(韓)	アウディ(独)	アウディ(独)	長安(中)
10	フォルクスワーゲン(独)	トヨタ(日)	上海汽車乗用車(中)	現代(韓)	奇瑞(中)
11	華泰(中)	起亜(韓)	現代(韓)	起亜(韓)	起亜(韓)
12	シボレー(米)	三菱(日)	起亜(韓)	長城(中)	吉利(中)
13	江淮(中)	ルノー(仏)	プジョー(仏)	ルノー(仏)	現代(韓)
14	吉利(中)	奇瑞(中)	日産(日)	広州汽車(中)	東風(中)
15	江鈴(中)	広州汽車(中)	広州汽車(中)	プジョー(仏)	ボルボ(典)
16	トヨタ(日)	ボルボ(典)	長城(中)	トヨタ(日)	アウディ(独)
17	三菱(日)	長城(中)	トヨタ(日)	フォード(米)	哪吒(中)
18	東風(中)	東風(中)	奇瑞(中)	奇瑞(中)	フォード(米)
19	起亜(韓)	長安(中)	ポルシェ(独)	小鵬汽車(中)	理想(中)
20	ボルボ(典)	江淮(中)	蔚来(中)	長安(中)	プジョー(仏)
(中国系)	9	10	7	8	10

出所：https://www.21jingji.com/article/20230222/herald/8eefb74df8b3574fe2d7e93f1a054334.html 2023 年新能源汽車行業研究報告 2023 年 02 月 22 日 16:08 千際投行、https://chejiahao.autohome.com.cn/info/7945026#pvareaid=6826274 2020 全球新能源銷量排行榜、比亜迪成最大贏家、進之过 金剛新能源 2021-02-08 記者：大帆、https://www.a-trt.com/news5/1238.html 2021 年环球新能源汽車銷量榜单：特斯拉居首前 20 中中国品牌共 8 家 2022-03-07 03:25:07 に基づき筆者作成

中国企業が車載用蓄電池で圧倒的存在

　NEVのコア部品である車載用蓄電池メーカーの世界ランキングもダイナミックに変動している（図表3－5）。

　従来では、日本のパナソニックや韓国のLG化学が大きなシェアを握っていたが、2020年以降、中国の寧徳時代新能源科技（CATL）がトップとなり、そのシェアは3割を超える。2022年には、中国系メーカー6社がトップ10入りを果たし、6社の出荷量合計が世界全体の車載用蓄電池出荷量の6割を占める。

　世界NEV販売台数のトップメーカーであるBYDが、車載用蓄電池の出荷量でもLG化学と並び世界2位、13.6％のシェアを持っている。同様のNEVメーカーは簡単に現れないだろう。今後においてもBYDが敵失しない限り、NEVのトップメーカーとなる可能性が高い。

リチウムイオン電池の主要部材を握る

　車載用蓄電池のほとんどはリチウムイオン電池である。その製造には、電極に使う「正極材料」と「負極材料」、リチウムイオンを伝導する「電解液」、両電極を絶縁する「セパレーター」という主要4部材が欠かせない。矢野経済研究所の推計によると、主要4部材は、ほぼ日中韓の3カ国による寡占状態であるが、中国のシェアが高まる傾向にある。

　2013年には、中国のシェアが最も高いのは負極材の68.6％で、最も低いのはセパレーターの31.4％であった。2021年には、負極材のシェアが2013年比で19.7ポイント高い88.3％へ、正極材のシェアが29.5ポイント高い82.8％へ、電解液のシェアが17.5ポイント高い81.5％へ、セパレーターのシェアが42.9ポイント高い74.3％へと上昇した。従来、過半数のシェアを持つ正極材、負極材と電解液のシェアを82〜88％へさらに高める一方、3割だったセパレーターのシェアも7割超えるようになった。

図表 3 － 5　車載用リチウムイオン電池出荷量トップ 10 の推移

順位	2020年 メーカー	2020年 出荷量(GWh)	2020年 市場シェア(%)	2021年 メーカー	2021年 出荷量(GWh)	2021年 市場シェア(%)	2022年 メーカー	2022年 出荷量(GWh)	2022年 市場シェア(%)
1	寧徳時代(CATL)(中)	35.4	26.0	寧徳時代(CATL)(中)	99.6	32.0	寧徳時代(CATL)(中)	191.6	37.0
2	LG化学(韓)	30.9	22.7	LG化学(韓)	61.3	19.7	LG化学(韓)	70.4	13.6
3	パナソニック(日)	27.5	20.2	パナソニック(日)	36.3	11.7	BYD(中)	70.4	13.6
4	BYD(中)	9.0	6.6	BYD(中)	27.9	9.0	パナソニック(日)	38.0	7.3
5	サムスンSDI(韓)	7.8	5.8	SKイノベーション(韓)	16.8	5.4	SKイノベーション(韓)	27.8	5.4
6	SKイノベーション(韓)	4.3	3.2	サムスンSDI(韓)	13.3	4.3	サムスンSDI(韓)	24.3	4.7
7	中航鋰電(中)	3.8	2.8	国軒高科(中)	10.0	3.2	中創新航(中)	20.0	3.9
8	エンビジョンAESC(中)	3.4	2.5	中創新航(中)	9.1	2.9	国軒高科(中)	14.1	2.7
9	国軒高科(中)	3.2	2.4	億緯鋰能(中)	7.5	2.4	欣旺達(中)	9.2	1.8
10	億緯鋰能(中)	1.0	0.8	エンビジョンAESC(中)	4.3	1.4	孚能科技(中)	7.4	1.4
その他		9.8	7.2		25.0	8.0		44.7	8.6
世界計		136.3	100.0		311.1	100.0		517.9	100.0
(Top10内の中国計とシェア)		55.9	41.0		158.4	50.9		312.7	60.4

出所：2020 年は高工産業研究院 (GGII) に基づく。ただし、ここでは、寧徳時代の値は上海汽車の分を含む。2021 年は https://www.pv-tech.cn/news/Top_10_global_power_battery_installed_capacity_in_2021 重碧！2021 年全球动力电池装机量 TOP10 排行榜出炉　2022 年 03 月 02 日、https://www.china5e.com/news/news-1147718-1.html　国汉宁德时代 动力电池出榜改并级 2023-02-17 に基づき著者作成　注：世界計は国別合計として算出したため、丸めた数字を表記したため、原典の合計と多少異なる。

その半面、日本の主要4部材シェアはいずれも低下し、最小低下幅は電解液の10.8ポイントで、最大低下幅は負極材の21.1ポイントであった。

　今は中国を抜きにして、車載用リチウムイオン電池の主要4部材の安定供給を語れない状況である。これは、EUと米国にとって特にいえることである。

リチウム資源を重点的に探査・開発

　NEVの心臓部は蓄電池である。蓄電池の主流はリチウムイオン電池である。リチウムイオン電池にはリチウムが欠かせない。NEV拡大にとって、リチウム資源の確保は各国の課題である。中国も例外ではない。

　米国地質調査所（USGS）によると、2022年、世界全体のリチウム発見埋蔵量は約9800万tと見積もられ、国別では1位から5位はボリビア（2100万t、21.6％）、アルゼンチン（2000万t、20.6％）、米国（1200万t、12.3％）、チリ（1100万t、11.3％）、豪州（790万t、8.1％）で、中国は6位、680万tで全体の7％を占める。一方、世界全体のリチウム可採埋蔵量は約2600万tと見積もられ、中国は200万t、全体の7.7％を占め、チリ（930万t、35.7％）、豪州（620万t、23.8％）、アルゼンチン（270万t、10.4％）に次ぐ世界4位となっている（図表3－6）。

　なお、中国自然資源部によると、2021年に中国のリチウム可採埋蔵量は404.7万tである。USGS発表の2021年数値（150万t）の2.7倍、2022年数値（200万t）の2倍となっている。興味深い差である。

　資源分布については、中国産業情報網（産業信息網）によると、中国の推定資源量（中国語：査明資源儲量）は、約1500万tであるが、地域別では10地域に分布しており、1位の青海省が全体の49.6％、2位のチベット自治区が28.4％、3位の四川省が7.7％を占める。リチウム資源の約8割が、自動車産業の発達している東南沿海地域から離れている西部地域（青海省、チベット自治区と新疆ウイグル自治区）に集中している。

図表 3 - 6　世界のリチウム資源分布（2022 年）

		発見資源量 (Identified resources)				可採埋蔵量 (Reserves)	
		t	%			t	%
世界計		97,318,000	100.0	世界計		26,050,000	100.0
1位	ボリビア	21,000,000	21.6	1位	チリ	9,300,000	35.7
2位	アルゼンチン	20,000,000	20.6	2位	豪州	6,200,000	23.8
3位	米国	12,000,000	12.3	3位	アルゼンチン	2,700,000	10.4
4位	チリ	11,000,000	11.3	4位	中国	2,000,000	7.7
5位	豪州	7,900,000	8.1	5位	米国	1,000,000	3.8
6位	中国	6,800,000	7.0	6位	カナダ	930,000	3.6
7位	ドイツ	3,200,000	3.3	7位	ジンバブエ	310,000	1.2
8位	コンゴ	3,000,000	3.1	8位	ブラジル	250,000	1.0
9位	カナダ	2,900,000	3.0	9位	ポルトガル―	60,000	0.2
10位	メキシコ	1,700,000	1.7		その他	3,300,000	12.7

出所：United States Geological Survey「Mineral Commodity Summaries 2023」に基づき筆者作成
注：世界計は国別合計として算出したため、丸めた数字を表記した原典の合計と多少異なる。

　石油天然ガス・金属鉱物資源機構（現エネルギー・金属鉱物資源機構、JOGMEC）の米村和紘氏によると、リチウム資源は、かん水およびリチウム鉱石（スポジュメンなど）の形で賦存している。かん水からは、かん水を1年半～2年程度かけて濃縮後中和し、不純物を取り除いたあと、ソーダ灰を添加することで炭酸リチウムが生産されている。一方、鉱石からは、硫酸や石灰と共に焙焼され、炭酸リチウムと水酸化リチウムが生産されている。

　中国産業情報網によると、中国では、塩湖かん水型資源量は推定資源量の内の85％、確認可採埋蔵量の90％を占め、鉱石資源量の比率は低い。

　また、資源の品位が低いことも指摘されている。中国地質科学院鉱産資源研究所の候献華によると、中国の塩湖かん水リチウム資源は量が多いが、品位が低く、採掘の困難度が高い。特にマグネシウム対リチウムの比率（Mg/Li比）は世界的にみても高い。例えば、リチウム資源が最も多い

チリのアタカマ塩湖のMg/Li比は6対4であるのに対し、中国の塩湖かん水資源が一番豊富な青海省では、Mg/Li比が一番低い鉱区でも33対8であり、一番高い鉱区では1837対6となっている。

　中国政府は2011年12月に「探鉱突破戦略行動綱要」（2011〜2020年）を公表した。その中で、戦略的新興産業としてのNEV産業に必要なリチウム資源を重点的に探査、開発する方針を打ち出した。

　第13次5カ年計画として、工業情報化部が2016年10月に「非鉄金属工業発展計画」（2016〜2020年）を作成した。2016〜2020年における炭素リチウム消費量が年平均13.5％の伸び率で増大するとして、①リチウム採掘・精製技術の向上、②青海省とチベット自治区の塩湖かん水型リチウム生産規模の拡大、③江西省のリチウム鉱石開発の産業化、④使用済みリチウムイオン電池からの資源回収技術の開発と資源回収の促進、⑤国際協力による資源確保——などの対策を明記した。

　USGSによると、2022年に中国のリチウム生産量は1万9000tで、世界の14.6％を占め、豪州（6万1000t、46.9％）、チリ（3万9000t、30％）に次ぎ、世界3位である（図表3−7）。一方、米国のホワイトハウスによると、中国は、世界のリチウムの精製の6割を担い、豪州採掘のリチウム輸出の9割が中国に向かう（2023年8月26日付日本経済新聞）。

使用済み電池から資源回収も

　使用済みリチウムイオン電池からの資源回収もリチウム確保の重要な対策である。工業情報化部と他7官庁が共同で2018年1月に「NEV動力蓄電池回収利用管理暫定方法」を作成した。その中で、動力電池は標準化、通用性と分解しやすい構造で設計されるべきこと、できる限り有害な材料を減らし、再生可能な材料を用いること、拡大生産者責任制度を実施し、自動車メーカーがNEVの使用段階と廃車段階での使用済み動力蓄電池の回収責任を負い、回収分解業者やリサイクル業者と協力して使用済み動力

図表 3 － 7　世界のリチウム生産量と中国シェアの推移

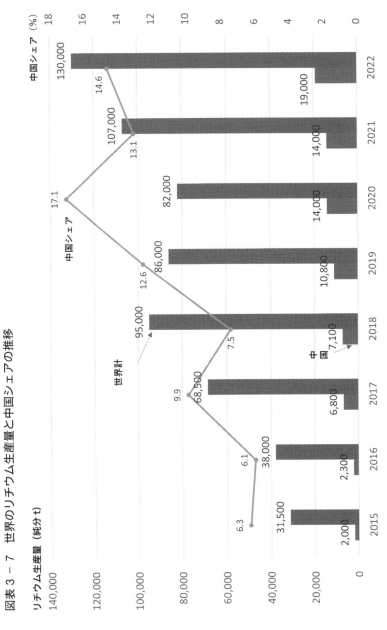

蓄電池を回収すること、動力電池の残存電力のカスケード利用、部品や材料の再利用とリサイクル、残材の無害化処理などについて規定した。

中国産業情報網によると、NEV動力電池の使用寿命は5～8年で、中国の使用済み動力リチウムイオン電池は2022年に2070万kW時、そのうち、三元系が570万kW時、リン酸鉄系が1390万kW時と推定される。2030年には、使用済み動力リチウムイオン電池は3億8030万kW時に達する見込みである。

また、2022年にリチウム0.22万t、ニッケル0.8万t、コバルト0.47万t、マンガン0.53万tが回収される見込みで、市場規模は286億元に達するという。一方、現在では、小型零細回収・分解業者が多く、動力電池の専門回収企業は深圳格林美、邦浦循環科技、超威集団、芳源環保など数社しかない。

工業情報化部は、2023年9月まで4回にわたり、蓄電池回収企業88社を資格認定した。回収ステーションは全国で約1.46万カ所に上るが、蓄電池の回収は必ずしも順調に進んでいるわけではない。中国汽車報網の報道（2023年9月4日）によると、2018～2022年において、認定回収業者は使用済み蓄電池のわずか20％しか回収できていない。約8割が、資格の持たない零細業者が有価物の違法転売目的で回収している。また、有価物の回収過程で、環境汚染問題も発生している。大規模化などを含む使用済み蓄電池の回収処理体制の健全化は待ったなしの課題である。

中国は、海外でのリチウム開発にも積極的に取り組んでいる。例えば、最近の主な動きとして、次のものがある。

JOGMECの兵土大輔氏の2023年8月8日の報告書によると、近年、BYDや江西贛鋒鋰業股份有限公司（Ganfeng Lithium）など多数の中国企業が南米のリチウムプロジェクトに参画している。中国企業の進出は、一般的にリチウムプロジェクトに対して巨額の投資を行って資源を確保するほか、リチウム生産会社からリチウム供給契約を締結するなど、その形態はさまざまである。

　中国の調査会社である智研諮詢によると、NEV用蓄電池の拡大にけん引され、2021年に炭酸リチウム生産量は2020年比41％増の24万t、純輸入量は72％増の7.3万t、見掛け消費（生産量＋純輸入量）は47％増の31.3万tとなった。消費のうち、実需が39％増の25.6万t、在庫が95％増の5.7万tと推定される。2022年の需要増大と供給不安に備え、在庫積み増しを図ったようだ。調達先では、チリからの輸入量は6.4万tと全輸入量の79％、アルゼンチンからは1.6万tと19％を占める。輸入依存度の低減と調達先の多様化が課題である。

中国に集中するレアアースの生産・精錬・加工

　NEV駆動用として、永久磁石式モーターが主流である。その永久磁石の原料であるネオジム（Nd）や添加するジスプロシウム（Dy）といったレアアースは、資源も生産も精錬・加工も中国に集中している。かつて「中国改革開放の総設計師」と呼ばれた鄧小平氏は1992年1 ～ 2月、深圳市、珠海市など中国南部を視察した際、「中東には石油があるが、中国にはレアアースがある」と講話し、レアアースが戦略物資になり得ることを示唆した。

　USGSによると、2022年に世界のレアアースの残存可採埋蔵量は1.3億tで、そのうち、中国が4400万t、33.8％を占め、世界最大である（図表3－8）。

　生産量を見ると、世界に占める中国のシェアは2021年に58％であったが、2022年には70％へ上昇した。資源量のシェアを上回って生産を行う背景には、NEVの市場拡大に伴う需要急増に加え、中国はレアアースが含まれる鉱石の採掘から精錬・メタル加工、さらにメタル化後の加工品を使った永久磁石式モーターなどの製造までというレアアース産業チェーンを国内で完成し、国際競争力が高いという強みがある。

　世界首位は、資源量と生産量だけではない。精錬については、中国は

図表 3 - 8 レアアース生産量と資源量の分布

	生産量		残存可採埋蔵量
	2021年	2022年	2022年
世界計（t）	290,000	300,000	130,000,000
中国	168,000	210,000	44,000,000
米国	42,000	43,000	2,300,000
豪州	24,000	18,000	4,200,000
ブラジル	500	80	21,000,000
ミャンマー	35,000	12,000	NA
カナダ	-	-	NA
グリーンランド	-	-	1,500,000
インド	2,900	2,900	6,900,000
マダガスカル	6,800	960	NA
ロシア	2,600	2,600	21,000,000
南アフリカ	-	-	790,000
タンザニア	-	-	890,000
タイ	8,200	7,100	NA
ベトナム	400	4,300	22,000,000
その他	260	80	280,000
世界計（%）	100.0	100.0	100.0
中国	57.9	70.0	33.8
米国	14.5	14.3	1.8
豪州	8.3	6.0	3.2
ブラジル	0.2	0.0	16.2
ミャンマー	12.1	4.0	-
カナダ	-	-	-
グリーンランド	-	-	1.2
インド	1.0	1.0	5.3
マダガスカル	2.3	0.3	-
ロシア	0.9	0.9	16.2
南アフリカ	-	-	0.6
タンザニア	-	-	0.7
タイ	2.8	2.4	-
ベトナム	0.1	1.4	16.9
その他	0.1	0.0	0.2

出所：United States Geological Survey「Mineral Commodity Summaries 2023」に基づき筆者作成

2022年時点で世界の約9割を担っている。米国は中国に次ぐ世界2位の
レアアース生産大国であるが、精錬工程の拠点が足りないため、大半を
中国に輸出して、中国で精錬・加工されたあとの製品を再輸入している。
USCSによると、米国のレアアース供給の海外依存度は95％以上で、2018
〜2021年において、輸入レアアースの中国依存度は74％であった。

　このように、中国を抜きにして世界におけるNEVモーターの原料にも
なるレアアースの安定供給を語れない状況である。

　もちろん、レアアースをまったく使わない新型モーターを開発できれば、
あるいは永久磁石式モーターで必要なレアアースを中国から調達するより
も自前で安く確保できれば、中国依存から脱出できよう。

中国に依存せざるを得ないNEVパワー半導体の核心鉱物

　NEVの主要部品のひとつは、電気の制御を担うパワー半導体である。
その製造には、ガリウムとゲルマニウムが材料として欠かせない。つまり、
ガリウムとゲルマニウムはパワー半導体にとっての核心鉱物である。

　智研諮詢によると、ガリウム可採埋蔵量は、世界全体が27.93万tで、
中国がその68％を占める19万tで世界最多である。その他の資源国・地
域として、米国が2％で0.45万t、アフリカは19％で5.39万t、欧州が7
％で1.95万t、南米が4％で1.14万tとなっている。一方、中国自然資源部
の発表によると、2021年、中国のガリウムの確認可採埋蔵量は2.5万tで、
その49.4％、1.2万tが広西省に賦存している。

　USGSの推計によれば、2022年において、ガリウム生産能力は世界全体
が870tで、中国がその86.2％を占める750tであった。生産量は世界全体
が550tで、中国がその98.2％、540tとなっている。生産能力に占める生
産量の比率（稼働率）は、中国が72％に上るが、中国を除くその他は8.3
％にとどまっている。日本は、10tの生産能力に対し、生産量が3tなので、
稼働率は30％である（図表3−9）。

図表3-9　ガリウム生産量と能力

	生産量		生産能力
	2021年	2022年	2022年
世界計（kg）	434,000	550,000	870,000
中国	423,000	540,000	750,000
日本	3,000	3,000	10,000
韓国	2,000	2,000	16,000
ロシア	5,000	5,000	10,000
ウクライナ	1,000	1,000	15,000
その他	-	-	73,000
世界計（%）			
中国	97.5	98.2	86.2
日本	0.7	0.5	1.1
韓国	0.5	0.4	1.8
ロシア	1.2	0.9	1.1
ウクライナ	0.2	0.2	1.7
その他			8.4

出所：United States Geological Survey「Mineral Commodity Summaries 2023」に基づき筆者作成

　JOGMECによると、ガリウムは、主にボーキサイトからアルミニウムを精錬する際の副産物、または亜鉛精錬の残さとして生産される。中国は、世界最大のボーキサイト輸入国とアルミニウム生産国である。中国国家統計局などによると、2022年、中国のアルミニウム生産量は、前年比4.5％増の4021万tに達した。世界全体の生産量は6654万tなので、中国シェアは60％に上る。世界最大のアルミニウム精錬が中国を世界一のガリウム生産国を押し上げたといえる。

　米国は、1987年から国内でのガリウム開発を中止している。国内消費は全量海外から輸入している。2018～2021年において輸入先別シェアを見ると、中国は53％で最も高く、以下、ドイツと日本が13％ずつ、ウクライナが5％となっている。

ゲルマニウムの脱中国依存も困難

　では、もうひとつの核心鉱物、ゲルマニウムはどうか。

　智研諮詢によると、ゲルマニウムの可採埋蔵量は世界全体が8600tで、米国が3870tで45％を占め、世界最大である。続いて中国が2333tで41％、ロシアが860tで10％、その他地域が344tで4％となっている。一方、中国自然資源部の発表によると、2021年、中国のゲルマニウムの確認可採埋蔵量は2163tで、その70.5％で1525tが内モンゴル自治区に賦存している。

　USGSの推計によれば、米国を除く世界のガリウム生産量は、2017年の106tから2021年に140tへ32％増加した。そのうち、中国の生産量は60tから95tへ58％増加し、世界シェアは56.6％から67.9％へ、11.3ポイント上昇した（図表3－10）。

　米国は、世界一のゲルマニウム資源国であるが、2013年以降、国内生産データを公表していない。一方、国内供給の海外依存度は2015年まで75％以上であったが、2016年以降は50％以上と25ポイントも低下した。国

図表3－10　世界のゲルマニウム生産量の推移

	2017年	2018年	2019年	2020年	2021年
米国除く世界計（t）	106	131	131	140	140
中国	60	95	86	95	95
ロシア	6	6	5	5	5
ウクライナ、カナダ、ドイツ、日本、ベルギー	40	30	40	40	40
米国除く世界計（％）	100.0	100.0	100.0	100.0	100.0
中国	56.6	72.5	65.6	67.9	67.9
ロシア	5.7	4.6	3.8	3.6	3.6
ウクライナ、カナダ、ドイツ、日本、ベルギー	37.7	22.9	30.6	28.6	28.6

出所：United States Geological Survey「Mineral Commodity Summaries」各年版に基づき筆者作成

内資源を戦略的に温存していると推測される。また、2018 〜 2021年にお
いて、輸入ゲルマニウムに占める輸入先シェアを見ると、中国は54％で
最も高く、以下、ベルギーが27％、ドイツが9％、ロシアが8％となって
いる。

　このように、世界におけるNEVパワー半導体材料向けの核心鉱物の脱
中国依存は極めて難しくなっているといえる。

〈参考文献〉
候献華「我国锂资源储量大但提取难度高」
http://www.china5e.com/index.php?m=content&c=index&a=show&catid=13&id=949659
米村和紘「リチウムのマテリアルフロー―安定供給上の課題―」JOGMEC
http://mric.jogmec.go.jp/pubLic/kogyojoho/2015-09/vol45_No3_03.pdf
兵土大輔「南米のリチウム資源に関する中国企業の進出状況」JOGMEC
https://mric.jogmec.go.jp/reports/current/20230808/178500/

第4章

なぜ「中国モデル」が世界を席巻するのか

——中国製NEVが売れる理由

本章の目的は、なぜ中国のNEVが売れているのかについて、中国国内と海外に分けて検討する。主にユーザーの立場に立って、なぜ国内と海外のユーザーが中国のNEVを買うのかを考える。それらを踏まえて、NEVシフトの「中国モデル」について検討を試みる。

補助金と無関係に伸びる販売台数

　なぜNEVが中国で売れているのかについて、いろいろな説がある。最もよくいわれているのは、中国が補助金を出しているから、内燃機関車抑制措置をとっているから、との説である。

　確かに購入時補助金制度は、NEV商業化の初期段階で取られる万国共通のNEV促進策のひとつである。NEVに対して補助金を出せば、内燃機関車に対する相対コストが安くなり、ユーザーがNEVを買いやすくなるからである。筆者の研究室で行った中国と日本のNEV普及メカニズムの解明に関する実証研究でも、補助金はNEVの導入拡大に大きく寄与することが確認された（張・李〈2021〉、中野・李〈2022〉）。

　しかし、補助金があるからといって、NEVが売れるとは限らない。第2章で触れたように、現時点でほとんどの国がNEV補助金を出している。日本も補助金を出しているが、2022年の乗用車販売台数（軽自動車を含む）に占めるNEV販売比率は、BEVが1.72％、PHEVが1.10％、FCVが0.04％で、NEV全体は2.86％にすぎない。

　それに対して中国では、NEVの購入時補助金制度は2009年に導入されてから、給付単価の引き下げ、航続距離や電池エネルギー密度、走行距離当たりの電力消費量などの補助資格要件の厳格化を中心に数回の見直しを経て、2023年から廃止された（図表4−1）。2022年は補助金支給の最後の年であり、BEVに上限1.39万元の補助金しか出していなかったが、新車販売（輸出も含む）に占めるNEVの比率は25.6％となっている。

　補助金頼みなら、補助金がなくなると売れなくなるはずである。数年前

図表 4 - 1　中国の NEV 乗用車に対する政府補助金の推移

NEV乗用車上限補助額（万元/台）

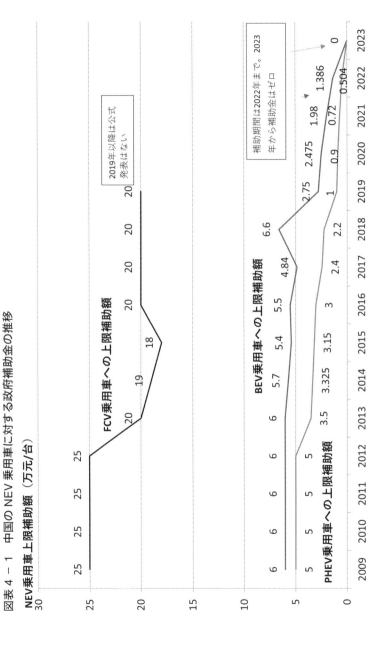

出所：関連公文書に基づき筆者作成

図表 4 - 2 中国の NEV 販売量と伸び率の推移

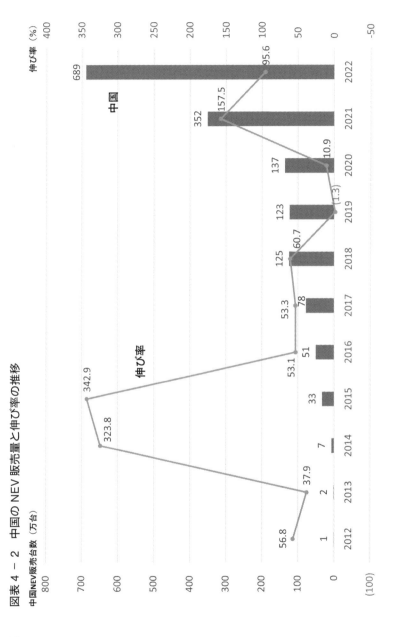

出所：中国自動車工業協会発表などに基づき筆者作成

から、中国で補助金単価を引き下げるたびに、NEVが売れなくなるとの見方が出てくるが、実際はそうならなかった（図表4－2）。また、2023年に補助金が廃止となったが、同年1～9月のNEV販売量は減少するどころか、逆に前年同期比で37.5％も増加した。通年の販売台数は2022年の689万台から950万台前後に拡大する見込みである。

　中国では補助金がなくとも、その他の対策と企業努力によってNEVが普及され、その産業が自立できる段階に到達している証左であろう。

NEV販売拡大の主要因は

　なぜNEVが中国で売れているのかについて、もうひとつの説は、内燃機関車が大都会で規制されているからである。

　確かに、渋滞解消や大気汚染対策の一環として、北京市など大都市での内燃機関車に対する登録・走行日制限などの抑制措置を2010年代初め頃から導入している。これらが、NEVの導入拡大を側面から後押しした効果があることは否定できない。しかし、これらは、NEV拡大の主要要因ではない。2010年代において、伸び率こそ高かったが、NEV販売台数は2018年になって、やっと100万台の大台を突破して125万台に達した。販売比率は4.4％にとどまった。消費者のニーズにあったNEVが十分に提供できなかったからであろう。

　また、2020年以降、内燃機関車に対する抑制措置のない中小都市や農村部でも、NEV販売が急増し、その結果、全国のNEV販売増を押し上げたと指摘されている。内燃機関車抑制は、NEVへのシフトを後押しする要因のひとつにすぎない。

　補助金や大都市での内燃機関車抑制の影響もあるが、より重要なのは、BYDなどの民族系メーカーを中心に低価格から高価格まで多様なNEVを投入し、消費者に幅広い選択肢を提供できたことであろう。2022年の乗用車販売量に占める民族系メーカーのシェアは、内燃機関車で39％にと

図表 4 - 3　中国市場における NEV の種類・価格・航続距離の概要（2023 年 3 月 20 日時点）

車種・型式の種類	BEV 車種	BEV 車両型式	PHV 車種	PHV 車両型式	FCV 車種	FCV 車両型式	合計 車種	合計 車両型式
合計	316	1,456	98	323	1	1	415	1,780
代表例　BYD	11	65	11	50	0	0		
テスラ	4	14	0	0	0	0		
上海汽車大通MAXUS	7	55	2	11	1	1		
五菱汽車	5	53	0	0	0	0		
上海汽車 GM 五菱	3	32	0	0	0	0		
（宏光 MINI EV）	1	26						

価格帯	BEV 最低	BEV 最高	PHV 最低	PHV 最高	FCV 最低	FCV 最高
（万元）	2.7	179.8	11.2	499.8	130.0	130.0
（万円。1元=20円）	54	3,596	224	9,996	2,600	2,600
対応車種	凌宝COCO	ポルシェTaycan	BYD秦PLUS DM-i	フェラーリSF90 Stradale		
航続距離（kM）		462	120	25	14.3	
電池容量（kWh）		93.4	18.32	7.9		

航続距離の範囲	BEV 最短	BEV 最長	PHV 最短	PHV 最長	FCV 最短	FCV 最長
（kM）	100	1000		179		
対応車種	北京汽車EC100	蔚来ET7		ポルシェPanamera E-Hybid		
電池容量（kWh）	11.52	150		64		

出所：https://www.d1ev.com/ などに基づき著者作成

どまったのに対し、NEVでは79％に達した。

　電動車之家網によると、2023年3月20日時点で、少なくとも319車種、1456モデルのBEVが販売され、価格は最安で2.7万元（約54万円）、最高で180万元（約3596万円）、1回充電での航続距離は最短で100km、最長で1000kmとなっている（図表4－3）。

内燃機関車に対する優位性を確立

　最も重要な普及要因は、内燃機関車に対するNEVの比較優位性が確立されたことである。

　第2章で述べたように、自動車取得税（従価税、10％）と消費税（排気量別従価税、1〜40％）、自動車税（排気量別従量税、年間60〜5400元）は、NEVに対して免除されている。それに加え、NEVに対して購入時補助金（2022年BEV乗用車への上限は1.39万元。2023年から廃止）もある。こういった優遇政策と企業努力の結果、2022年におけるNEVの取得と保有コストがガソリン車より2万〜5万元安くなったと試算されている（国家情報中心、2022年）。

　また、ガソリン車がガソリン1Lで15km、BEVが電気1kW時で6.7km走行するとして、BEVのkm当たりの走行コストは、ガソリン車の20％（自宅で普通充電）から50％（外部で急速充電）にすぎないとの試算結果も示された。

　一方、2022年に勃発したウクライナ危機などの影響で、ガソリン価格は年初より最高時33％も上昇したが、電力料金は安定しているため、BEVの走行コストは、ガソリン車の15〜38％へと低下した。日本では、ガソリン価格の高騰を抑えるために補助金を出した。それに対して中国では、ガソリン価格に補助金を出さず、電力料金の安定に取り組んだため、世界市場における化石エネルギーの価格高騰がNEV販売増の契機となった。

　念のため、中国の自動車に関する税制や補助金などの仕組みと、ユーザ

ーにとってのコストについて敷衍しておく。

　まず、メーカーの販売価格は消費税抜き出荷価格、消費税、付加価値税によって構成される。

販売価格＝消費税抜き出荷価格＋消費税＋付加価値税

＝ 出荷価格＋付加価値税

　消費税（排気量別従価税、1～40％）は出荷価格の内税である。消費税抜き出荷価格をX、出荷価格をP、消費税率をαとすると、次の式1～3が成り立つ。

式1：P＝X／（1－α）

式2：X＝（1－α）P

式3：αP＝αX／（1－α）

　付加価値税（従価税、13％）は出荷価格を対象に課する外税である。

　一方、ユーザーにとっての自動車取得コストは、次のように構成される。

式4：取得コスト＝販売価格＋取得税－補助金

　ただし、取得税（従価税、10％）は出荷価格を対象に課す外税である。

　自動車の保有コストは、自動車保有税（排気量別従量税、年間60～5400元）と保有年数によって決定される。

式5：保有コスト＝自動車税×保有年数

　自動車の走行コストは、自動車が廃棄されるまでの総走行距離と1km当たりの走行費用によって決まる。

式6：走行コスト＝総走行距離×1km当たりの走行費用

　ユーザーにとっての自動車利用の総コストは、取得コスト、保有コストと走行コストの合計として定義される。

式7：自動車利用の総コスト＝取得コスト＋保有コスト＋走行コスト

　内燃機関車とNEVを対象に、NEV補助金が支給される2022年と廃止される2023年における自動車利用の総コストに関する試算例を図表4－4に示す。中国で内燃機関車もNEVも最も売れているのは、排気量1.6～2LのA型車なので、試算もA型ガソリン車と比べて、A型のBEVの

コストがどうなるかに関して行った。

　試算では、税抜き出荷価格は、ガソリン車がA型最高価格の15万元、BEV車が同最高価格の20万元（ガソリン車より33.3％高い）、ガソリン車の燃費はL当たり25km、BEV車の電費はkW時当たり8.5kmと仮定している。また、保有年数は7年、総走行距離は10万kmとした。

税抜き出荷価格が3割高以下ならBEVが有利

　試算から次のことが確認できる。

　①税抜き出荷価格が、ガソリン車もBEVも同じ15万元である場合、ガソリン車と比べて、減税と補助金によって、2022年におけるBEVの取得コストと保有コストは、それぞれ3.86万元、0.46万元安く、取得と保有コスト合計は4.32万元安くなる。補助金が廃止される2023年でも、BEVの取得コストと保有コストはそれぞれ2.47万元、0.46万元安く、取得と保有コスト合計は3.93万元安くなる。NEVに対する政策優遇がNEVの相対コストを大きく低下させる。

　②走行コストは、普通充電の場合、NEVが内燃機関車の19.6％にすぎず、2.89万元少なくなる。急速充電の場合でも、NEVが内燃機関車の49％にとどまり、1.84万元少なくなる。いずれの場合でも、NEVの優位性が揺るぎない。

　③税抜き出荷価格が、15万元のガソリン車よりBEVが33.3％高い20万元の場合、補助金ありの2022年では、BEVの総コストは内燃機関車より0.5万元（急速充電）～1.56万元（普通充電）安い。補助金が廃止される2023年では、普通充電の場合、BEVの総コストは0.18万元安いが、急速充電の場合、0.88万元高い。つまり、同じクラスの内燃機関車と比べると、税抜き出荷価格が3割高以下のBEVなら全体コストが安くなるので、買って利用した方が経済的に得になる。

図表4－4　中国市場におけるBEVと内燃機関車の総コストに関する試算

	ICEV	BEV	比較		備考（A型車は排気量1.6～2Lクラスの車）
	A型ガソリン車	A型BEV	BEVとICEVの差=「BEV」-「ICEV」	ICEV=100	
①税抜き出荷価格（万元）	15.0000	20.0000	5.0000	133.3	A型車最高価格。BEVがICEVより33.3％高い
②消費税（万元）	0.7895	0	-0.7895	0.0	内税、A型は5％。最大40％
③付加価値税（万元）	2.0526	2.6000	0.5474	126.7	消費税込み出荷価格の13％
④販売価格（万元）	17.8421	22.6000	4.7579	126.7	①+②+③
⑤取得税（万元）	1.5789	0	-1.5789	0.0	消費税込み出荷価格の10％
⑥2022年購入時補助金（万元）	0.0000	1.3860	1.3860		2022年BEV補助金上限
⑦2022年取得コスト	19.4211	21.2140	1.7929	109.2	④+⑤－⑥
⑥'2023年購入時補助金（万元）	0.0000	0.0000	0.0000		2023年補助金廃止
⑦'2023年取得コスト	19.4211	22.6000	3.1789	116.4	④+⑤－⑥'

⑧自動車税	0.0660	0	-0.0660	0.0	1600cc車上限540元、最大5400元
⑨7年間保有自動車税	0.4620	0	-0.4620	0.0	8×7
⑩7年間走行距離(kM)	100,000	100,000	0.0000	100.0	10万km走行と仮定
⑪燃費(kM/L)、電費(kM/kWh)	25	8.5			平均と仮定
⑫ガソリン価格(元/L)、電力単価(元/kWh)	9	0.6			1995年ガソリン、都市住民平均電力単価
⑬走行コスト(万元)	3.6000	0.7059	-2.8941	19.6	普通充電時
⑫'ガソリン価格(元/L)、電力単価(元/kWh)	9	1.5			1995年ガソリン、急速充電電力単価
⑬'走行コスト(万元)	3.6000	1.7647	-1.8353	49.0	急速充電時
⑭ガソリン車総コスト(万元)	23.4831				
⑮-1 BEV2022年普通充電時総コスト(万元)		21.9199	-1.5632	93.3	補助金あり、普通充電時
⑮-2 BEV2022年急速充電時総コスト(万元)		22.9787	-0.5043	97.9	補助金あり、急速充電時
⑯-1 BEV2023年普通充電時総コスト(万元)		23.3059	-0.1772	99.2	補助金なし、普通充電時
⑯-2 BEV2023年急速充電時総コスト(万元)		24.3647	0.8817	103.8	補助金なし、急速充電時

出所：中国関連情報に基づき筆者作成　注：1元≒20円

高まるNEVの利便性

　NEVユーザーにとって、1回の充電でどれぐらい走れるか、電気が必要なとき、充電できるかも大きな関心事である。中国では、航続距離の延伸と充電インフラの整備がNEV普及を後押しした。

　工業情報化部装備工業一局の発表（2023年7月6日）によると、中国ではBEV乗用車の平均航続距離は2016年の205kmから2022年に106.8％増の424kmへ延伸し、100km当たりの平均電力消費量は15.53kW時（1kW時で6.4km走行）から21.5％減の12.35kW時（1kW時で8.1km走行）へ改善された。

　中国充電聯盟と公安部によると、充電器の設置数は2023年9月末時点で764万基に拡大し、前年末比243万基増えた。NEV保有台数は1821万台に拡大し、同511万台増となった（図表4−5）。充電器設置数対NEV保有台数の倍率は、ストックベースで2022年末の2.52倍から2.38倍へ、増加量ベースでは2.10倍に改善された。

　中国は、2030年までに全国における充電インフラ整備の基本完了に向けて取り組みを強化している。充電インフラが全国隅々まで整備されれば、NEV導入がさらに加速されるに違いない。

NEVクレジット目標が普及を後押し

　さらに、2019年に導入されたNEVクレジット目標規制・取引制度の影響も無視できない。NEVに対する補助金を削減し、2023年に廃止したが、自動車メーカーに課す内燃機関車販売量に対するNEVクレジット目標は、2020年の12％から2021年に14％、2022年に16％、2023年に18％へ引き上げられた。前掲した実証研究でも、同制度は、中国のNEVの導入拡大に大きく寄与し、NEV購入時補助金廃止による影響を抑制する役割を果たしていることが確認された。

図表4－5　中国のNEV保有台数と充電器設置数の推移

NEV保有台数（万台）、充電器（万基）

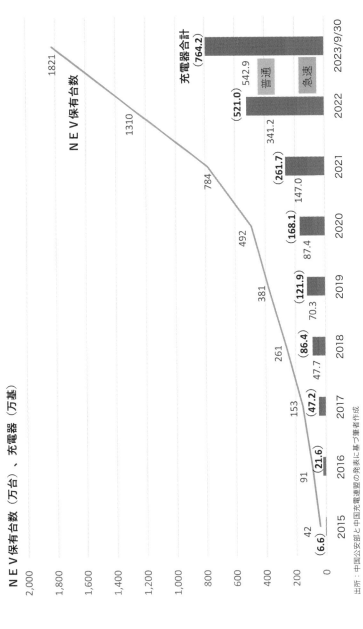

出所：中国公安部と中国充電連盟の発表に基づく筆者作成

105

こういった普及対策の体系的見直しがNEVへの転換を促したと考えられる。筆者らの実証研究でも、優遇措置を考慮した相対コスト、充電インフラ、NEVクレジット目標規制・取引制度などがNEV普及の影響要因であることが確認されている。

なぜ海外で中国製が売れるのか

輸出拡大による中国製NEV販売増の影響も無視できない。

中国自動車工業協会によると、2022年の自動車輸出台数は前年比54.4％増の311万台であったが、NEVは199％増の68万台となった。輸出全体に占める比率は6.4ポイント上昇の21.8％まで上がった。また、中国自動車工業協会の2023年10月11日発表によると、中国の2023年1～9月における自動車輸出台数は前年同期比60％増の334万台にも達し、世界首位を維持する見通しである。そのうち、NEV輸出台数は110％増の83万台で、輸出全体に占める比率は5.8ポイント上昇の24.4％まで上がった（図表4－6）。

国際的にみると、2022年までは、日本が世界最大の自動車輸出国であった。日本自動車工業会によると、同年度の輸出台数は381万台であった。一方、2023年1～8月では、自動車輸出台数は中国が前年同期比61.9％増の294万台で、日本の277万台（日本自動車工業会発表、前年同期比16.4％増）を抜いて世界1位となった。

NEV輸出の急増が中国自動車輸出拡大の原動力になりつつある（図表4－7）。内燃機関車の輸出量は減少したり、増加量が増えたり減ったりと不安定であるが、NEV輸出量は継続的に増加し、かつ、その増加量も継続的に増えている。2015年と比べ、2022年の中国の車輸出台数は238.3万台増加したが、NEV輸出台数の増加分は67.8万台で、全体の28.4％を占める。2023年1～9月の自動車輸出台数は前年同期比127.1万台増加したが、NEV輸出台数の増加分は43.2万台に上り、全体の34％を占める。

図表 4 － 6 中国車輸出と NEV 輸出シェアの推移

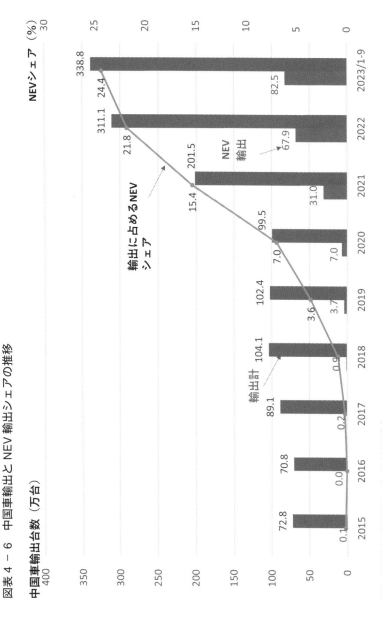

出所：中国自動車工業協会発表などに基づき筆者作成

図表 4 - 7　中国の車種別車輸出増減量の推移

車輸出台数の対前年（同期）増減量（万台）

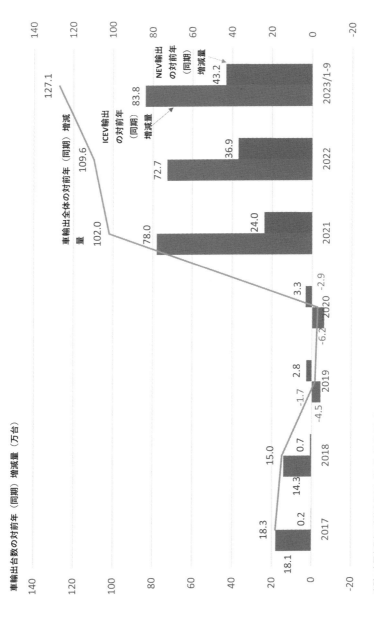

出所：中国自動車工業協会発表などに基づき筆者作成

輸入増に対する寄与度が2016 ～ 2022年比で5.6ポイントも上昇した。

総合評価で高まる国際競争力

　では、なぜ中国製NEVの輸出が増え続けているのか。次の要因が考え
られよう。

　ひとつは、自動車の電動化が世界規模で起きていることである。内燃機
関車販売台数は2017年の9548万台をピークに減少傾向にあり、2022年
には、ピークより26.3％減の7040万台となった。それに対し、NEV販
売台数は2017年に132万台で、初めて100万台の大台を突破した。その後、
増加傾向が続き、2022年には1000万台の大台を突破して1065万台とな
った。自動車販売台数に占めるNEV比率は、2016 年の1％から2022年に
13.1％へと加速度的に上昇した。

高い技術力で注目を集める BYD の高級車ブランド「仰望」の U8

いうまでもなく、脱炭素化が世界的な流れになっていることは、自動車の電動化を推し進める原動力である。また、2022年のNEV販売比率が前年比5.1ポイントも上昇した背景にあるのは、ウクライナ危機に伴う化石エネルギー価格の高騰であろう。

　もうひとつの理由は、価格性能比、ブランド力、サプライチェーンの強靭性による安定供給などから、総合的に評価した中国製NEVの国際競争力が高まったことである。

　例えば、世界で最も売れているBYD製電気バスは、日本を含む50カ国で7万台以上が販売された。その価格は日本製の3分の1〜4分の1にすぎない。また、上汽通用五菱汽車が2020年7月に中国で4人乗り、航続距離120〜170kmの小型車「宏光MINI EV」を2.88万〜3.88万元で発売した。それに対し、日本メーカーは2020年12月に日本で2人乗りの小型ＥＶを165万〜172万円で発売した。価格差は歴然である。

　BYDは2023年9月、日本でBEV「ドルフィン」を発売した。航続距離400kmの基本モデルの販売価格は363万円と発表された。販売価格を航続距離で割ったものを価格性能比とすれば、BYDドルフィンは1km当たり0.91万円と計算される。ほぼ同クラスの日本製BEVの7割ほどに相当する。また、EUが同年10月に、中国のBEVに関する補助金調査を開始したが、欧州製より中国が欧州に輸出しているBEVの価格は約10〜25%安く、価格性能比が高いからである。

　ついでに、これまで検討したように、中国製NEVが高い国際競争力を持ったのは、補助金ではなく、リチウムやレアアースなどの核心鉱物の開発・加工から完成車製造までのNEVサプライチェーンを自国内で構築でき、技術開発と市場拡大の量産効果に伴うコスト削減に戦略的に取り組んできたからである。

　図表4−8に示すとおり、中国を除いた世界のNEV新車販売台数に占める中国製NEV（輸出台数）の比率は、2020年の14%から2022年の29.8%へ、15.8ポイントも上昇した。中国製NEV（完成車に加えシャー

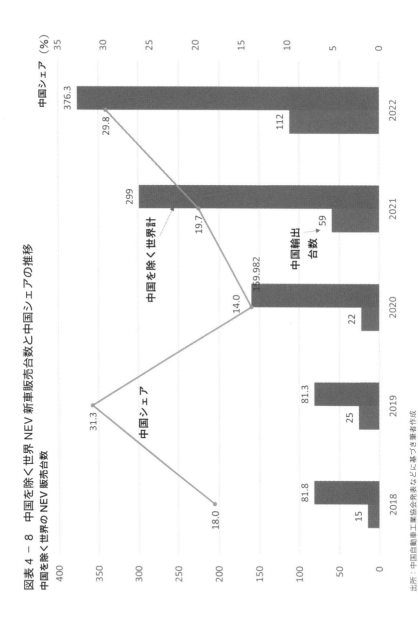

図表4-8　中国を除く世界NEV新車販売台数と中国シェアの推移

シも含む)は、NEV製造能力のない途上国だけではなく、自動車強国が林立する欧州や日本にも輸出している。2022年において、シャーシを含むNEV輸出台数は112万台であるが、その48.7％、54.6万台は欧州に輸出している。また、シャーシを含む車の欧州輸出台数は89万台であったが、NEVがその61.3％を占めた。これらいずれも総合的国際競争力が高い証左であろう。

　脱炭素化の実現にとって、内燃機関車からNEVへのシフトが不可欠である。一方、既存の内燃機関車産業をまったく新しい自動車としてのNEV産業に転換することは容易ではない。しかし、自国や域内の産業保護のために、中国製NEVを関税障壁などで抑制するにしても、中国NEVの比較優位性が揺らぐことも、また、保護された自国や域内のNEV産業の比較優位性が高まることも見込まれないだろう。中国の協力なしには、中国並みのサプライチェーンを安定的に構築するには、あまりにもコストが高すぎるからである。

「中国モデル」の特徴と課題

　NEV技術開発、産業育成と普及促進に向けた中国の基本戦略や取り組みは、「中国モデル」と呼ぶことが可能であろう。国際的にみると、次の特徴と課題が確認できるからである。

　1つ目の特徴は、NEVの技術開発、産業育成と普及促進を持続可能な発展、脱炭素社会構築、自動車強国への転換などの国家戦略の一環として取り組んでいる点である。

　2つ目の特徴は、理論的に有効とされる、また、国際的に有効と実証された対策ならば、何でも貪欲に取り入れる点である。

　購入時補助金や減税、充電インフラ整備支援などは、万国共通のNEV普及対策である。ZEV目標規制とクレジット取引制度は、米国カリフォルニア州などで導入され、目標の効率的達成に有効であると実証されている。

中国もこれらの対策を導入している。

　一方、補助金など支援対策に依存する場合の弊害も知られている。それを克服するために、補助金制度は、給付単価の引き下げ、航続距離や電池エネルギー密度、走行距離当たりの電力消費量などの補助資格要件の厳格化を中心に数回の見直しを経て、2023年から廃止された。同時に、市場メカニズム志向のZEV目標規制とクレジット取引制度の健全化を絶えずに追求している。

　3つ目の特徴は、中国の実情や固有性に合わせた対策や、制度を試行錯誤的に模索し続けている点である。

　例えば、中国は、5カ年計画や中長期計画を作成して経済運営を行っている。NEVに関しても、その一環として関連計画が作成、執行されている。

　また、購入時補助金の導入に当たっても、さまざまな工夫を行ってきた。例えば、航続距離などの補助資格要件を厳しくしたり、補助額を低減させたり、充電式BEVについては販売価格を補助要件とするが、電池交換式BEVについては、すべての価格帯を補助対象としている。BEVの性能向上や電池交換式BEVの開発加速を支援する狙いである。FCVについては、2020年より購入補助から技術開発・製造・水素インフラ整備のモデル都市への支援に切り替えた。限られた財源を選択された都市へ集中配分することを通じて、FCV産業の商業化を促す狙いである。

　さらに、農村人口が4.9億人、全人口の約39.4％（2022年）に上ること、ガソリンスタンドは遠いが、分散型太陽光発電を含む電気が普及されているなどの固有性を考慮し、NEV下郷事業を展開していることも典型例であろう。

　一方、充電や水素充てんインフラがまだ十分ではない、走行距離が内燃機関車ほど長くない、使用済み車載用リチウムイオン電池のリサイクル体制が整備されていない、脱炭素電力とグリーン水素が安定的に供給されていないなどの問題が指摘されている。いずれも早急かつ着実に解決されなければならない課題である。

〈参考文献〉
張鈺鑫・李志東「中国における新エネルギー自動車普及拡大対策に関する計量経済分析」エネ
ルギー資源、Vol.42、No.3（2021 年 5 月号）
https://doi.org/10.24778/jjser.42.3_119
中野優人・李志東「日本における電動車普及メカニズムの解明と導入拡大対策に関する計量経
済分析」エネルギー資源、Vol.43、No.3（2022 年 5 月号）
https://doi.org/10.24778/jjser.43.3_94
国家信息中心「【专家观点】关于新能源汽车未来发展的两个判断」
https://www.ndrc.gov.cn/wsdwhfz/202207/t20220713_1330436.html?code=&state=123

第5章

NEVは中国を
「自動車強国」にするか
——世界規模の電動化の波に乗れば

自動車大国から自動車強国になる。中国の宿願である。

　2023年1～8月において、自動車輸出台数は、中国が前年同期比61.9％増の294万台で、日本の277万台（日本自動車工業会発表、前年同期比16.4％増）を抜いて世界1位となった。しかし、これを根拠に中国が自動車強国になったと判断するのは早すぎる。中国の自動車輸出量のうち、73万台はNEVで、222万台は内燃機関車である。

　それに対し、日本が輸出したのはほとんど内燃機関車である。内燃機関車だけでみると、日本は輸出台数世界首位の座を維持している。2022年でも新車販売に占める比率が87％となっている内燃機関車主流の世界では、中国は自動車強国になっていない。自他共に認める事実である。

　では、世界規模の自動車電動化の波に乗り、NEVが徐々に主流になり、そしてNEV100％市場になった場合、中国は自動車強国になれるか。本章の目的は、この問いに対する回答を検討することである。

今は圧倒的なトヨタ・ＶＷ・現代 - 起亜

　大学の講義やゼミナールで、自動車製造で有名な国はどこかと聞いたら、いつでも間違いなく挙げられるのは、日本、ドイツ、韓国、米国、フランスである。中国を挙げる人はめったにいない。BYDが日本でBEV乗用車を売り始めた影響か、2023年になってやっと中国と挙げた学生も出たが、まだ少数派である。意識しているかどうかは別として、学生たちは現実の世界を客観的に認識できている。

　図表5－1に世界の自動車販売トップ10メーカーの推移を示す。トップ10の常連メーカーの所在国が自動車製造で有名な国であり、自他共に認められる自動車強国である。日本をトップに挙げたのは、日本人学生が多いからという日本ひいきではない。トヨタ、日産、ホンダなどの日系メーカー数社は常にトップ10に入っているからである。また、中国メーカーは2022年にやっと世界トップ10の末席に入った。

2025年に世界トップランナーへ

　中国は、2009年に自動車生産台数が1379万台に達し、世界最大となった。そのころから自動車強国を目指し始めた。では、何をもって自動車強国というか。

　公式な定義が見当たらないが、2017年4月に公表された2025年を目標年次とする「自動車産業中長期発展計画」では、10年の持続的努力を経て、世界の自動車強国に肩を並べることを目標とした。

　その評価基準として、具体的には、NEV大手企業数社が2020年に世界NEVトップ10に入り、2025年に世界での影響力と市場シェアがさらに高まること、部品から完成車までの産業体系を形成し、2025年に世界トップ10に入る部品メーカーを数社育成すること、中国ブランドの自動車が2020年に先進国への輸出を実現し、2025年に世界市場における影響力が

東京・品川の BYD の販売店

図表 5 - 1 　世界自動車販売トップ 10 メーカーの推移

	2013	2014	2015	2016	2017	2018
1位	トヨタ	トヨタ	トヨタ	フォルクスワーゲン	フォルクスワーゲン	フォルクスワーゲン
2位	フォルクスワーゲン	フォルクスワーゲン	ゼネラルモーターズ	トヨタ	Renault・日産・三菱連合	Renault・日産・三菱連合
3位	ゼネラルモーターズ	ゼネラルモーターズ	フォルクスワーゲン	ゼネラルモーターズ	トヨタ	トヨタ
4位	Renault・日産	Renault・日産	Renault・日産	Renault・日産	ゼネラルモーターズ	ゼネラルモーターズ
5位	現代 - 起亜（Hyundai-Kia)	現代 - 起亜（Hyundai-Kia)	現代 - 起亜（Hyundai-Kia)	現代 - 起亜（Hyundai-Kia)	現代 - 起亜（Hyundai-Kia)	現代 - 起亜（Hyundai-Kia)
6位	Ford	Ford	Ford	Ford	Ford	Ford
7位	FCA	FCA	FCA	ホンダ	ホンダ	ホンダ
8位	ホンダ	ホンダ	ホンダ	FCA	FCA	FCA
9位	PSA	PSA	PSA	PSA	PSA	PSA
10位	スズキ	スズキ	スズキ	ダイムラー（Daimler)	ダイムラー（Daimler)	ダイムラー（Daimler)

出所：電動車之家網、日本経済新聞などに基づき筆者作成
注：表中の太字表記は中国系

さらに高まること、NEV のエネルギー利用効率が 2020 年に世界先進水準に達し、2025 に世界のトップランナーとなることなどを規定している。

　専門家の間でも統一した見解はまだ見られないが、考慮すべき基準として、

　① 世界的に知られている民族系自動車メーカーとブランドを有すること。

　② 部品から完成車、そして使用済み自動車処理に至る産業体制が整備

2019	2020	2021	2022	2023年1〜6月
フォルクスワーゲン	トヨタ	トヨタ	トヨタ	トヨタ
トヨタ	フォルクスワーゲン	フォルクスワーゲン	フォルクスワーゲン	フォルクスワーゲン
Renault・日産・三菱連合	Renault・日産・三菱連合	Renault・日産・三菱連合	現代-起亜(Hyundai-Kia)	現代-起亜(Hyundai-Kia)
ゼネラルモータース	ゼネラルモータース	現代-起亜(Hyundai-Kia)	Renault・日産・三菱連合	Renault・日産・三菱連合
現代-起亜(Hyundai-Kia)	現代-起亜(Hyundai-Kia)	ゼネラルモータース	Stellantis	Stellantis
Ford	ホンダ	Stellantis	ゼネラルモータース	ゼネラルモータース
ホンダ	Ford	ホンダ	Ford	Ford
FCA	FCA	Ford	ホンダ	ホンダ
PSA	ダイムラー(Daimler)	ダイムラー(Daimler)	スズキ	スズキ
ダイムラー(Daimler)	PSA	スズキ	上海汽車集団	比亜迪(BYD)

できること。

③ 技術開発能力と革新技術を有すること。

④ 国際競争力が高く、国内と国際市場に一定のシェアを占めること。

⑤ 科学的で、安定かつ統一的な自動車産業管理体系が整備されていること。

などを挙げている。ここでは、①〜⑤に⑥国際規格基準作りに主導的役割を果たせることを加えたものを自動車強国基準とする。

自動車強国の入り口に立った

　中国は、2009年から世界最大の自動車（生産・販売）大国となったが、日本、ドイツのような自動車強国にはなっていない。自他共に認める事実である。しかし、内燃機関車ではなく、NEVに限ると見方は変わる。

　第3章と第4章で詳しく検討したように、中国は世界の自動車電動化の先頭に躍り出ている。要点は次のとおりである。

　①中国は、世界最大のNEV生産・販売・保有国、海外市場への供給国になっている。2022年において、世界のNEV生産、販売、保有に占める中国のシェアはそれぞれ、69％、65％、50％、中国を除いた世界のNEV新車販売台数に占める中国製NEV（輸出台数）の比率は30％となった。

　②完成車メーカーとして、BYDや上海汽車などの中国系7～10社は2015年以降、世界トップ20社に名を連ねている。2022年には、長らく世界に君臨した米国のテスラに取って代わってBYDがNEVの世界トップメーカーになった。

　③車載用動力蓄電池メーカーとして、2022年には中国系メーカー6社が世界トップ10入りを果たし、6社の出荷量合計は世界全体の車載用蓄電池出荷量の6割を占める。日本や韓国メーカーに取って代わって、CATLが世界のトップになった。

　④リチウムイオン電池の主要4部材となる正極材、負極材、電解液、セパレーターの出荷量を見ると、中国のシェアはいずれも7割を超えている。中国を抜きにして、車載用リチウムイオン電池の主要4部材の安定供給を語れない状況である。

　⑤リチウムイオン電池に欠かせないリチウム精製の中国依存度が6割に上り、NEVモーター材料に必要なレアアースやパワー半導体材料向けの核心鉱物（ガリウムやゲルマニウム）の脱中国依存も困難な状況である。

　⑥技術開発能力や核心技術の産業化が進んでいる。商業化されているリチウムイオン電池の技術水準は、中国メーカーが世界のトップに位置する

ことが自他共に認める事実である。中国製BEVの高い国際競争力の源で
もある。

　一方、充電インフラ分野の技術水準も注目されている。例えば、日本
の特許分析会社パテント・リザルトの調査によると、BEVの充電や電池交
換の関連特許が増え始めた2010年から2022年までの累計出願数は、中
国企業が4万1011件となり首位だった。以下、日本企業2万6962件、ド
イツ企業1万6340件、米国企業1万4325件、韓国企業1万1281件と続く
（2023年5月4日付日本経済新聞）。

　⑦工業情報化部によると、中国が電動車安全、動力電池耐久性などの国
際規格「UN　GTR20」（電気自動車の安全性に関する世界統一技術規則
第20号）を主導して整備した。

　⑧第2章と第4章で検討したように、中国がNEV技術開発、産業育成
と普及促進に向けて、科学的で安定かつ統一的な自動車産業管理体系を整
備しつつあり、「中国モデル」と呼ぶことも可能である。

　このように考えると、中国はやっと自動車強国の入り口に立てたといえ
よう。

「弱肉強食」を促す取引制度の改正

　前述したように、中国は、脱炭素「3060目標」の達成を目指してい
る。自動車分野については、乗用車100km当たりの企業平均燃料消費量
（CAFC）を2025年に4.6Lへ向上させ、NEVの販売比率を2025年に20
％、2035年までに50％以上を目指すとしている。

　その効率的な実現方策として、工業情報化部などが2023年6月、NEV
規制とクレジット取引制度に関する2度目の改正を断行した。

　工業情報化部装備工業一局の責任者は2023年7月6日、制度改正に
関する記者会見を行った。その中で、2022年において、乗用車100km
当たりのCAFCが4.11Lになり、2016年比40.8％改善され、4.6Lとす

る2025年目標を超過達成したこと、NEV乗用車生産量は33.5万台から17倍増の603.6万台に拡大したこと、BEV平均航続距離は106.8％増の424kmへ延伸したこと、100km当たりの平均電力消費量は21.5％減の12.35kW時（1kW時で8.1km走行）へ改善したこと——などを挙げ、CAFC規制とNEV規制及び関連クレジット取引制度の効果をアピールした。前述した実証研究でも、同制度は、中国のNEVの導入拡大に大きく寄与し、NEV購入時補助金廃止による影響を抑制する役割を果たしていることが確認された。

一方、従来の制度では、NEVのクレジット（CP$_{NEV}$）価格が乱高下していること、購入されたCP$_{NEV}$がバンキング不可で流動性が低いこと、NEVの導入実績と比べて目標が低いこと、NEVの性能と比べてクレジット認定の性能要件が緩いこと——などが制度の問題点として指摘されている。NEV強国への歩みを加速させるためには、制度の健全化を絶えず図る必要がある。

また、前回の制度改正は2020年6月15日に決定されて2021年に発効された。その中で2023年までのNEV比率目標を明記したが、2024年以降の目標設定を先送りにした。今回の制度改正は2023年6月29日に決定された。前回より2週間遅れたが、中身の濃い改定となっている（李、2023年7月26日を参照）。

注目すべき制度改正のポイント

2度目の改正は、NEVクレジット目標規制・取引制度について見直された。注目すべきポイントは次のとおりである。

ポイント1：NEV乗用車のクレジット算定方法の改正

「決定」によると、NEV乗用車のクレジット（NEV$_{CP}$）認定の性能要件が大幅に厳格化された。例えば、BEVの場合、2023年までは、航続距離が

100km以下でもNEVcplポイントを付与するが、2024年以降ではポイントを付与しないことに改正した。NEVcplポイントを得るための航続距離は、107kmから235kmへ120%引き上げられた。

　付与されるポイント数も約4割減額された。BEVの場合、標準ポイントの計算方法は、2023年の「0.0056×航続距離＋0.4」から2024年以降の「0.0034×航続距離＋0.2」へと変更された。例えば、航続距離400kmのBEVなら、付与ポイント数は2023年で2.64ポイントであるが、2024年以降は1.56ポイントで41%減となる。

　また、1台のBEVに付与される標準ポイントの上限は3.4ポイントから2.3ポイントへ32.3%減額された。同様に、PHEVの標準ポイントは1.6ポイントから1ポイントへ37.5%減額された。FCVの場合、標準ポイントの計算方法は「0.08×電池容量」から「0.05×電池容量」へと変更され、ポイント数が37.5%減額、標準ポイントの上限は6ポイントから4ポイントへ33.3%減額された。

　これらにより、同じNEV比率目標規制を達成するのに、必要なNEVの数量も増加するし、性能も改善しなければならないことになる。

ポイント2：NEV比率目標の大幅引き上げ

　「決定」では記述されていないが、工業情報化部装備工業一局の責任者によると、内燃機関車販売量に対するNEV比率目標規制は、2023年の18%から2024年に28%、2025年に38%へ引き上げられる見通しである（2023年12月28日、正式発表）。例えば、100万台の内燃機関車を販売する場合、2023年に必要なクレジット（TNEV）18万ポイントとなるが、2024年には前年比55.6%増の28万ポイント、2025年には35.7%増の38万ポイントが必要となる。

ポイント3：CPNEV調整池（プール）を導入したこと

　「決定」では、新たな章「第6章：NEVのCPNEV調整池の管理」を設けた。

その主な内容は、次のとおりである。

①工業情報化部が自動車企業の正のポイントを貯蓄・引き出しする
NEVクレジットの調整池を設置、管理する。

②自動車企業の正のCP_{NEV}の全国計が、負のCP_{NEV}の全国計と負の平
均燃料消費量クレジット・ポイント（CP_{ICEV}）の全国計の合計の2倍以上の
場合、工業情報化部が調整池を開放し、企業が120日以内で正のCP_{NEV}（購
入分も含む）を貯蓄することができる。貯蓄率は該当企業の前年度の貯蓄
率以下とする。有効期間は5年で、目減りなしとする。調整池を利用せず、
正のCP_{NEV}を手持ちにする場合、有効期間は3年で、年目減り率は50％
となっているので、企業にとって調整池を利用したほうが有利である。

③自動車企業の正のCP_{NEV}の全国計が負のCP_{NEV}の全国計と負の
CP_{ICEV}の全国計の合計の1.5倍未満の場合、工業情報化部が調整池を開放
し、企業が貯蓄している正のCP_{NEV}を引き出すことができる。引き出し
量は規定の引き出し率以内とする。引き出したCP_{NEV}が使いきれない場
合、再貯蓄することが可能である。

ポイント4：CP_{NEV}取引期間と負のCP_{NEV}の清算期間をそれぞれ30日延長したこと

「決定」では、規制未達の場合、企業が見極め結果公布後の90日以内に、
負のポイントに関する相殺報告を関連証拠資料（譲渡協議書、購入契約書
など）とともに提出し、かつ見極め結果公布後の120日以内に負のポイン
トをゼロに精算しなければならないと規定している。

ポイント5：企業平均CO_2排出量を評価項目として追加しクレジット規制を見極め、結果報告に盛り込まれて公布すること

炭素排出実質ゼロの実現だけではなく、EUへの自動車輸出に当たって
CO_2排出量情報が求められることが予想されることへの対策と思われる。

2024年は生死を決める正念場

「決定」では、調整池制度を2023年8月2日から、そのほか改正項目は2024年から適用すると規定している。

CP$_{NEV}$調整池の導入により、CP$_{NEV}$市場安定化と取引活発化を図られると期待される。

NEV$_{CP}$取得要件の厳格化や規制目標の大幅引き上げなどにより、NEVの導入拡大、NEV産業の成長を大きく後押しすると考えられる。

例えば、航続距離が100km未満、蓄電池のエネルギー密度がkg当たり90kW時未満のようなBEVなら、NEV$_{CP}$が付与されないため、市場から淘汰される可能性が高い。性能が高いほど付与されるNEV$_{CP}$も高いので、性能向上に向けた取り組みが一層促進されることになる。その結果、中国製造のNEV全体の性能が大いに向上されよう。

また、内燃機関車販売量に対するNEV比率目標規制が強化されることにより、NEVの量的拡大、そして学習効果などに伴うコスト削減が期待される。例えば、前述した実証研究では、2012 ～ 2019年において、車載用リチウムイオン電池の累積生産量が2倍になるたびに、電池コストは中国で18.1%低下、日本で24.2%低下していることが確認できた。

過去の傾向を踏まえ、今回の制度改正により、中国製NEVの国際競争力が格段に向上すると期待される。

NEV後発者は厳しい立場に

一方、NEV後発者への圧力が大きくなると予想される（図表5 − 2）。

例えば、ある企業が100万台の内燃機関車を中国で生産ないしは輸入販売し、同時に「決定」での性能要件を満たし、かつ航続距離400kmのBEVも販売すると仮定する。現行の制度下では2023年のNEV規制を満たすのに、必要なT$_{NEV}$が18万ポイント、そのポイントを満たすために必

図表 5 - 2　2023 年 NEV 規制制度改定の影響

	2020年改定	2023年改定後の制度	
	2023年	2024年	2025年
内燃機関車生産・販売台数(万台)	100	100	100
NEV比率目標(%)	18	28	38
前年との差(ポイント)		10	10
必要なNEVポイント数(万ポイント)	18	28	38
対前年変化率(%)		55.6	35.7
航続距離400kmのBEVの獲得ポイント数(ポイント/台)	2.64	1.56	1.56
対前年変化率(%)		-40.9	0.0
目標達成に必要な、航続距離400kmのBEV数(万台)	6.82	17.95	24.36
対前年変化率(%)		163.2	35.7

出所：筆者作成

要なBEVは6.8万台である。

　一方、制度改正後では、2024年のNEV規制を満たすのに、必要な
T_{NEV}が前年比56％増の28万ポイント、対応するBEVは前年比163％増
の17.9万台となる。クレジット付与の性能要件が厳格化され、付与数も4
割程度減額されたからである。それに対して、2025年NEV規制を満たす
のに必要なT_{NEV}が前年比36％増の38万ポイント、クレジットの付与条
件は前年同様なので、対応するBEVの伸び率も前年比36％増となるが、
必要台数は24.4万台となる。

　上記試算例から分かるように、2024年は多くの自動車メーカー、特に
NEV後発者にとって、中国市場で生きられるかどうかの正念場となろう。
NEV目標規制を遵守できる実力を持たない企業は中国市場で淘汰される

だろう。一方、BYDやテスラのようなNEV先発者が中国市場で力を発揮すると予想される。弱肉強食による産業再編が一気に進むだろう。

　内燃機関車に強く、中国市場に進出している日系をはじめとする外資系企業の対応が注目されよう。

もはや夢物語ではなくなった

　自動車の電動化は世界的な流れである。中国は、脱炭素社会の実現と自動車強国への変貌に向けて、NEVの技術開発、産業育成と普及を戦略的に取り組んできた。その結果、中国は、世界最大のNEV生産・販売・保有・輸出国に成長し、世界の自動車電動化の流れの先頭に躍り出ている。

　2022年10月23日、5年に1度の中国共産党大会（第20回）を経て、習近平氏が党トップの総書記として3期目に入った。新指導部は、宿願の「社会主義現代化強国」の建設を今後の中心任務と規定した。その一環として、自動車大国から強国への移行に欠かせないNEVの産業発展と市場拡大がさらに加速すると期待される。

　内燃機関車からNEVへの転換が加速度的に進むと思われる世界において、中国が自動車強国になるのは、もはや夢物語ではなくなりつつある。中国は、今後も世界の先頭に立ち続けるか、その取り組みが国際社会にとって「他山の石」になるかが注目されよう。

〈参考文献〉
李志東「中国の『NEVクレジット目標規制・取引制度』見直しの概要とその影響」日本エネルギー経済研究所ホームページ（2023年7月26日）

第6章

中国から何を
学ぶべきか
──NEVシフトという「自動車革命」

IEA などによると、2022年、世界の自動車販売台数は8105万台で、NEV 販売台数が1065万台、その13.1%を占める。一方、自動車保有台数は14億4600万台で、NEVは2620万台、全体に占める比率は1.8%にすぎない。自動車の電動化は逆らえない世界的流れで、目標は、新車販売ベースでのNEV100%、そして保有ベースでのNEV100%にほかならない。しかし、達成の道程はまだ長い。

　NEV100%は、いうまでもなく「自動車革命」である。馬車から内燃機関車に切り替える以上のインパクトがある。馬車はどこでも簡単に造れ、売れなくなった場合の損失は分散されていた。一方、内燃機関車は一部の先進国、つまり、今までの自動車強国でしか造れない。内燃機関車を国産化できる新興国や途上国もあるが、自動車強国にはほど遠い。ゆえに、内燃機関車が売れなくなった場合の損失は今までの「自動車強国」と呼ばれる数カ国に集中する。その損失をNEV産業の発展を通じて取り返せるかどうか。それによって、自動車業界の勢力図が大きく変わる。

　中国は内燃機関車強国になれなかったが、NEV強国になりつつある。中国の取り組みが国際社会にとって参考になるか、内燃機関車強国がNEV強国にどう転換すべきかが興味深い研究課題である。本章の目的は、議論のたたき台を提示することである。

国家戦略と位置付けられるか

　NEV100%の成功例はいまだにないが、達成に向けて取り組みの先頭に中国が立っている。中国の経験から暫定的示唆を大胆にまとめると、次のようになろう。

　まず、自動車電動化を持続可能な発展と脱炭素化社会の実現に必要不可欠と位置付けるうえで、国家戦略として推進することである。

　本書では、2章のスペースを割いて、冒頭でなぜ中国が電動化を国家戦略にしたか、どのように取り組んできたかを詳述した。海外では、自動車

電動化の重要性を認識している国が多いが、国家戦略として推進しているかどうかは検討する余地がある。

　中国のNEVを取り上げる学会発表や講演などで、会場からよく出てくる声は、石炭火力発電中心の中国でNEVを普及しても、脱炭素化に貢献しないのでは？　との質問である。また、日本の産業界などからも、電源構成の脱炭素化が十分ではない現在において、NEV化になればよいという単純なものではないとの声がよく聞かれる。的を射た主張と感心する一方、戦略的視点が欠けているとも感じた。

　中国が脱炭素化を実現するには、自動車の電動化も電源構成の脱炭素化も必要不可欠であると認識している。また中国では、戦略的に取り組めば、自動車の電動化も電源構成の脱炭素化も大きく前進できることが確認されている。

　電源構成の脱炭素化に関する詳細な議論を別途に譲るが、実状を図表6－1に示す。中国国家統計局と電力企業連合会によると、中国の2022年の発電設備容量は2010年の9.7億kWから1.7倍増の25.6億kWへ、発電電力量は4.3兆kW時から1.1倍増の8.8兆kW時へ拡大した。

　電源構成をみると、火力発電の比率は容量ベースで、2010年の73.4％から23.1ポイント減の50.3％へ、発電電力量ベースで80.3％から15.8ポイント減の64.5％へ低下した。一方、再生可能エネルギー電源の比率は容量ベースで25.4％から22ポイント増の47.5％、発電電力量ベースで18％から12.8ポイント増の30.8％へ上昇した。

　電力企業連合会が2023年7月に公表した「中国電力産業年度発展報告2023」によると、2022年の火力発電の1kW時当たりのCO_2排出量（CO_2原単位）は824gで、2005年比21.4％低下した。それに対し、全電源のCO_2原単位は541gで、同36.9％低下した。全電源のCO_2原単位低下分の4割強が再生可能エネルギー電源の比率上昇によってもたらしていると推定される。

　これらは、電源構成の脱炭素化が着実に進んでいることを意味する。当

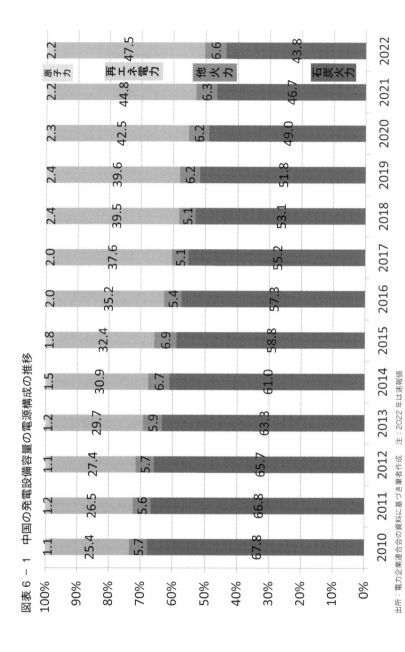

図表 6 − 1 中国の発電設備容量の電源構成の推移

	2010	2011	2012	2013	2014	2015	2016	2017	2018	2019	2020	2021	2022
原子力	1.1	1.2	1.1	1.2	1.5	1.8	2.0	2.0	2.4	2.4	2.3	2.2	2.2
再エネ水電力	25.4	26.5	27.4	29.7	30.9	32.4	35.2	37.6	39.5	39.6	42.5	44.8	47.5
他火力	5.7	5.6	5.7	5.9	6.7	6.9	5.4	5.1	5.1	6.2	6.2	6.3	6.6
石炭火力	67.8	66.8	65.7	63.3	61.0	58.8	57.3	55.2	53.1	51.8	49.0	46.7	43.8

出所：電力企業連合会の資料に基づき筆者作成　注：2022 年は速報値

たり前のことだが、火力発電がなくなれば、電力のCO_2原単位はゼロになる。

　また、現在の電源構成でも、自動車のCO_2排出量はNEVの方が内燃機関車より少ない。中国汽車技術研究中心が2022年7月に「中国自動車低炭素行動計画2022」を公表した。その中で、自動車の素材製造から部品製造、車両組み立て、使用済み自動車の廃棄・リサイクルまで、そして、燃料・電力の製造から、輸送・使用までの全過程で排出するCO_2を計算するというライフサイクルアセスメント（LCA）手法を用いて、中国の2021年における内燃機関車とNEVのCO_2排出量を比較分析した。その結果、乗用車1台当たりのCO_2排出量は、BEVがガソリン車より43.4％少なく、ディーゼル車より59.5％少ないことが確認された。

産業界とユーザーが利益を享受するシステム

　次に、NEVの市場を創出して、NEVの産業界とユーザーが利益を享受できる環境を整えることが重要である。これは、民間部門の努力でできることではない。特定業界の影響を排除できる政府こそが主導して取り組まなければならない課題である。中国の取り組みについては第2章と第4章で詳述している。その多くが関心のある国にとって参考になるはずである。

　一方、市場創出の目標を明確にしないと、NEVを促進できる環境整備が期待できない。日本と中国に違いのある一例を挙げよう。

　日中両国は共に自動車の電動化を推進している。そのために、2035年の目標も定めている。日本は2035年までに乗用車の100％電動化を目指している。それに対し中国は、2035年にBEVを新車販売の主流にし、NEVを50％以上、残りはすべてHVとすると規定している。HV以外の内燃機関車の販売を中止する点で、両国が共通している。

　大きな違いは、中国はHVを50％以下にすると明記しているのに対し、日本はそれを規定していない。HVが日本のお家芸であることは周知の事

実である。しかし、それを堅持すると同時に、国際競争力のあるNEV産業を育てることは至難の業であろう。今後の動向を注目したい。

　もうひとつは、NEV100％の達成コストを最小化するための工夫が不可欠である。NEV導入の初期段階で、補助金が果たす役割が極めて大きい。一方、補助金頼みでは、市場メカニズムをゆがめる可能性を否定できない。財源調達の問題もある。中国は補助金を2023年に中止したと同時に、2019年に導入した市場メカニズム志向のZEV目標規制とクレジット取引制度の健全化を絶えずに追求している。同制度は、米国カリフォルニア州で有効性が実証され、中国で初めて国全体で導入し、成果を上げているので、関心のある国は導入を検討すべきであろう。

　最後に、国際社会は、分断ではなく、共通課題の解決に向けて相互協力を強化すべきであろう。もっとエネルギー密度が高く、長寿命、安全な車載用動力蓄電池の開発、使用済み蓄電池のリサイクルと無害化処理、FCVの商業化、NEV関連の国際規格の制定など取り組むべき課題は多い。かつて自動車強国が中国の内燃機関車産業化に協力してきたように、今、多くのNEV分野でリードしている中国が、国際社会におけるNEVの産業化に積極的に協力すべきであろう。BYDやCATLなど多くの中国系メーカーが海外に進出し、現地生産を行おうとしている。技術移転や人材育成などを通じて、進出先との一体化が進めることを期待したい。

二兎を追う者は一兎をも得ず

　自動車強国は、トップメーカーを有するいくつかの国によって構成される。2022年時点で8105万台だった世界の自動車市場は、経済発展と人口増加などに伴ってさらに拡大する可能性が大きいと予想される。つまり、2022年で1065万台だったNEV市場は8100万台以上に成長するはずである。どこかの一国が、この巨大な成長市場を独占することは不可能であるし、望ましいことでもない。

　今、NEVシフトの先頭に立っている中国がNEV強国になっていく過程で、どこかの国を自動車強国の列から押し出すことは不可能である。あり得るのは、内燃機関車強国が自ら敵失し、強国の列から離れ落ちることであろう。

　次に、敵失しない対策の方向性を簡単に示して本書の結びとする。

　最も重要なのは、総力戦であろう。NEVシフトは自動車革命である。内燃機関車の延長線としてNEVを捉えると、「二兎を追う者は一兎をも得ず」になりかねない。中国のように、国家戦略として総力戦で臨むべきであろう。

中国メーカーとの連携

　次はトップランナー、特に中国系メーカーとの連携である。総力戦で出遅れた分を短期間に取り戻せるとは限らない。他人の力を借りることは重要である（図表6-2）。

　中国に進出している自動車メーカーや協力関係にある中国系メーカーなどの発表によると、ドイツの「フォルクスワーゲン」は2023年7月、約7億ドル（約1050億円）を投じ、中国新興メーカーの小鵬汽車（シャオペン）の株式5％を取得し、2車種を共同開発する方針を決めた。傘下のアウディは、上海汽車との提携拡大でも合意した。また、同年10月には欧米系多国籍自動車メーカーの「ステランティス」が、中国のリープ自動車（零跑汽車）に約15億ユーロ（約2445億円）を出資し、株式の約20％を取得した。さらに、両社が零跑国際（出資比率はステランティス51％、リープ自動車が49％）を設立する予定である。

　かつて、外資系が中国に技術を提供して中国の市場に参入していたが、今は、中国は外資系に技術も市場も提供しようとしている。中国にとってのメリットは、自動車強国を支えている外資系のブランド力と世界に張り巡らせている販売網などを利用できることである。

図表 6 － 2 2023 年中国自動車市場における主要外資系メーカーの動き

	海外メーカー	中国メーカー	主な内容
2023 年 10 月 26 日	ステランティス (Stellantis)	リープ自動車 (零跑汽車、Leapmotor)	ステランティスが、リープ自動車に約15億ユーロ（2445億円）を出資し、株式の約20%を取得。両社が零跑国際（出資比率はステランティス51%、リープ自動車が49%）を設立する予定。
2023 年 10 月 24 日	三菱自動車と三菱商事	広州汽車集団 (Guangzhou Automobile Group)	広州汽車は、三菱側が所有の合弁会社広州三菱自動車と販売会社の50%の株式を、1元（20円）の対価で買取る。三菱側から買取った資産を、広州汽車の子会社広汽埃安（GAC AION）の新エネルギー自動車の生産能力拡大に充てる。
2023 年 7 月 26 日	フォルクスワーゲン (VW:Volkswagen)	シャオペン (小鵬汽車、Xpeng)	VWはシャオペンに約7億米ドルを出資し、同社株の4.99%を取得。シャオペンのBEVスポーツタイプ多目的車（SUV）「G9」プラットホームを活用した2車種の中型EVを共同で開発し、2026年に市場投入。
2023 年 7 月 26 日	フォルクスワーゲン (VW:Volkswagen)	上海汽車 (上海汽車集団、SAIC)	両社がフルコネクティッドEVを共同開発。共同開発したEVは、最先端のソフトウエアおよびハードウエアを装備し、中国ユーザーに快適で直感的に操作できるデジタル機能の提供を目指す。
2023 年 7 月 24 日	トヨタ自動車	広州汽車集団 (Guangzhou Automobile Group)	トヨタ中国法人は、両社の合弁会社「広汽トヨタ」が従業員約1000人について満了前に契約を終了したと発表。削減規模は2023年6月時点の従業員数の約5%にあたる。
2023 年 6 月 20 日	ヒョンデ (現代自動車、Hyundai)	北京汽車 (Beijing Automobile Works)	現代自動車が、北京汽車との合弁会社「北京現代」の重慶市工場と河北省滄州市工場の売却を発表。最盛期5カ所あった稼働工場を2カ所に集中。
2023 年 6 月 14 日	フォード・モーター (Ford)		フォード・モーターの中国法人（フォード中国）が、1300人規模の人員削減を発表。

出所：関連メーカーホームページなどに基づき著者作成

　また、ホンダ系部品メーカーのJ‐MAXは、CATL向けの電池ケースの新工場を中国に建設するという。2023年内に着工し、2025年稼働を目指す。NEV市場が急拡大している中国で、世界大手との取引機会を逃さないよう対応を急いでいる。Win‐Win（ウィン・ウィン）になる連携である。

　さらに、中国から内燃機関車事業を整理、撤退することも選択肢のひとつである。図表6‐2に示すとおり、2023年半ばから、中国市場から完全撤退、稼働工場の縮小、人員削減を断行している国際自動車メジャーが増えている。NEVシフトが急速に進み、内燃機関車市場が縮小するとともに、NEVとの競争、さらに内燃機関車同業者との競争が一層激しくなることが予想される。NEV開発には膨大な資源が必要で、収益が見込めない内燃機関車事業の維持に、体力を無闇に消耗すべきではない。

市場の活用で捲土重来を

　最後に、中国のNEVクレジット取引市場の活用で捲土重来を図ることである。中国の市場規模は2023年に3000万台になる見込みである。図表2‐12に示したように、2035年には、4000万台になると見込まれている。実力のあるメーカーは、この中国市場を簡単に放棄すべきではない。NEVクレジット取引市場を活用し、NEV規制目標を達成して、再起するための時間を稼ぐ。2024年から規制目標がいきなり10ポイント増の28％になることを考えれば、規制目標が低く、クレジットの超過供給が見込まれる2023年分のクレジットを安いうちに買いだめすることが有益であろう。

　2023年分のクレジット取引は遅くとも2024年10月31日までに行われることになっている。限られるクレジットを巡る争奪戦が熾烈化すると予想される。必要分を最も安いコストで確保できるかどうか。各社の腕の見せどころである。

おわりに

　NEVが注目されている。新聞やテレビ、電子媒体などで、取りあげられない日がないほどである。そのようななかで2023年10月20日、中国政府は、核心鉱物とされる黒鉛（グラファイト）について、同年12月1日から輸出を許可制にすると発表した。

　本件をここで取り上げる理由は2つある。ひとつは、黒鉛はNEVの心臓部となる車載用リチウムイオン電池の負極材に使われる材料であること。もうひとつは、黒鉛の中国依存度が高いこと。USGSによると、2022年に中国は、黒鉛の世界可採埋蔵量の15.8％、生産量の65.4％を占める。また、第3章で触れたように、負極材の中国シェアは2021年に88.3％で、2013年比19.7％も上昇した。黒鉛の輸出規制は、電池の負極材市場に大きく影響する可能性があることを否定できない。

　では、なぜ中国が黒鉛の輸出規制に乗り出したのか。貿易行政を司る中国商務部は、国家の安全と利益を守るための措置で、特定の国や地域を対象としたものではないと説明している。2023年7月3日に、商務部が同年8月から半導体製造に欠かせないガリウムとゲルマニウムの輸出を許可制にすると発表した。そのときも、今回と同様の説明をしていた。中央日報日本語版同年8月2日の報道によると、魏建国元中国商務次官は、チャイナデイリーとのインタビューで「ガリウムとゲルマニウムの統制は反撃の開始にすぎない。中国は（先端技術産業に）もっと大きな困難を与えられる能力がある」と話した。その反撃の矛先は、先端半導体の対中輸出規制を行ったり、また、計画したりしている米国や日本、オランダに向けられている。同様に、今回の黒鉛の輸出規制は、中国のBEVに関する補助金調査を同年10月に開始したEUに矛先を向けているとみてよいだろう。

　これらは、勝者のない争いである。早期終息が対象国や地域に利益をもたらすだけではなく、世界全体のNEV100％、そして炭素排出実質ゼロ

の早期実現にも不可欠である。今後も、その動向を注目したい。

　ここに本書を上梓することができたのは、筆者の研究室の歴代ゼミナール生との議論に負うところが大きい。特に、中国の大学で講師となっている張鈺鑫女史、日本で研究生活を送っている中野優人君との共同研究は、資料蓄積やデータ整備、普及メカニズムの計量経済的解明、国際比較分析など多くの面で成果を得た。また、2012年3月から2023年5月までの長期間にわたって、日本エネルギー経済研究所の「月刊ニュースレター」の中国ウォッチングを担当させていただいたおかげで、NEV商業化の初期段階から世界の先頭に立つまでの過程をつぶさに観察・分析することができた。特に、編集長でもある同研究所専務理事・首席研究員の小山堅氏から示唆に富んだコメントを数多くいただいた。ここに記して厚く御礼申し上げたい。

　最後に、本書の刊行にあたっては、エネルギーフォーラム編集部の佐野鋭氏と企画営業部（出版担当）の山田衆三氏のお世話になり、本書の構成から専門用語の使い方、表記の統一まで貴重かつ適切な助言をいただいた。改めて心から御礼を申し上げたい。

〈追伸〉

　本書の脱稿後、2023年実績が発表された。中国のNEV販売台数は949.5万台、新車販売比率は31.6％、NEV保有台数は2041万台、保有比率は6.1％、充電器設置数は859.6万基となった。自動車輸出台数は491万台（うち、NEVが120万台）で、日本（442万台）を抜き、通年で初めて世界首位となった。また、2024年1月11日、共産党中央と国務院が連名で、NEV販売比率を2027年に45％に高める目標を発表した。2035年に50％超を目指す従来の目標は事実上、大幅に前倒し更新された。

2024年2月10日（春節）

李　　志東

〈著者紹介〉

李 志東 り・しとう
長岡技術科学大学大学院情報・経営システム系教授

1962年中華人民共和国山東省生まれ。1983年に中国人
民大学卒業。1990年に京都大学大学院博士後期課程経済
学研究科修了、経済学博士取得後、日本エネルギー経済研
究所に入所。同研究所の研究員・主任研究員、長岡技術科
学大学准教授を経て2007年から現職。日本エネルギー経
済研究所客員研究員、中国国家発展改革委員会能源（エネ
ルギー）研究所客員研究員を兼務。『中国の環境保護システ
ム』（1999年、東洋経済新報社）など著作・論文多数。

中国の自動車強国戦略 なぜ世界一の輸出大国になったのか

2024年4月6日 第一刷発行

著 者 李 志東
発行者 志賀正利
発行所 株式会社エネルギーフォーラム
〒104-0061 東京都中央区銀座 5-13-3 電話 03-5565-3500
印刷・製本所 中央精版印刷株式会社
ブックデザイン エネルギーフォーラム デザイン室